2022
水文发展年度报告

2022 Annual Report of Hydrological Development

水利部水文司　编著

中国水利水电出版社
www.waterpub.com.cn
·北京·

内 容 提 要

本书通过系统整理和记述 2022 年全国水文改革发展的成就和经验，全面阐述了水文综合管理、规划与建设、水文站网管理、水文监测管理、水情气象服务、水资源监测与评价、水质水生态监测与评价、科技教育等方面的情况和进程，通过大量的数据和有代表性的实例客观地反映了水文工作在经济社会发展中的作用。

本书具有权威性、专业性和实用性，可供水文行业的管理人员和技术人员使用，也可供水文水资源相关专业的师生或从事相关领域的管理人员阅读参考。

图书在版编目（ＣＩＰ）数据

2022水文发展年度报告 / 水利部水文司编著. -- 北京 : 中国水利水电出版社，2023.10
ISBN 978-7-5226-1873-9

Ⅰ．①2… Ⅱ．①水… Ⅲ．①水文工作－研究报告－中国－2022 Ⅳ．①P337.2

中国国家版本馆CIP数据核字(2023)第202130号

书　　名	**2022 水文发展年度报告** 2022 SHUIWEN FAZHAN NIANDU BAOGAO
作　　者	水利部水文司　编著
出版发行	中国水利水电出版社 (北京市海淀区玉渊潭南路 1 号 D 座　100038) 网址：www.waterpub.com.cn E-mail：sales@mwr.gov.cn 电话：(010) 68545888 (营销中心)
经　　售	北京科水图书销售有限公司 电话：(010) 68545874、63202643 全国各地新华书店和相关出版物销售网点
排　　版	山东水文印务有限公司
印　　刷	北京印匠彩色印刷有限公司
规　　格	210mm×297mm　16 开本　7 印张　105 千字　1 插页
版　　次	2023 年 10 月第 1 版　2023 年 10 月第 1 次印刷
印　　数	0001—1000 册
定　　价	**80.00 元**

凡购买我社图书，如有缺页、倒页、脱页的，本社营销中心负责调换
版权所有·侵权必究

主要编写人员

主　编　林祚顶

副 主 编　李兴学　章树安

主要编写人员（按单位顺序）

郑新乾	吴梦莹	付于峰	崔晨韵	程增辉	李兰涛
彭安修	熊珊珊	刘圆圆	殷环环	刘力源	孔祥意
王晨雨	沈红霞	卢洪健	元　浩	张　玮	戴丽纳
李春丽	吴春熠	王光磊	张明月	郭　硕	邢　荣
宋　枫	刘耀峰	崔其龙	王一萍	王文英	王艳龙
陈　蕾	张玉洁	曹樱樱	徐润泽	王秀亮	伍勇峰
刘　强	许　凯	程艳阳	曾文刚	温子杰	韦晓涛
陈晓斌	龚文丽	张彦成	张　静	王姝懿	次仁玉珍
张　刚	宋建军	文　静	何莉娜	杨　帆	许　丹

协办单位

水利部水文水资源监测预报中心

长江水利委员会	江西省水利厅
黄河水利委员会	山东省水利厅
淮河水利委员会	河南省水利厅
海河水利委员会	湖北省水利厅
珠江水利委员会	湖南省水利厅
松辽水利委员会	广东省水利厅
太湖流域管理局	广西壮族自治区水利厅
北京市水务局	海南省水务厅
天津市水务局	重庆市水利局
河北省水利厅	四川省水利厅
山西省水利厅	贵州省水利厅
内蒙古自治区水利厅	云南省水利厅
辽宁省水利厅	西藏自治区水利厅
吉林省水利厅	陕西省水利厅
黑龙江省水利厅	甘肃省水利厅
上海市水务局	青海省水利厅
江苏省水利厅	宁夏回族自治区水利厅
浙江省水利厅	新疆维吾尔自治区水利厅
安徽省水利厅	新疆生产建设兵团水利局
福建省水利厅	山东水文印务有限公司

前　言

　　水文事业是国民经济和社会发展的基础性公益事业，水文事业的发展历程与经济社会的发展息息相关。《水文发展年度报告》作为反映全国水文事业发展状况的行业蓝皮书，力求从宏观管理角度，系统、准确阐述年度全国水文事业发展的状况，记述全国水文改革发展的成就和经验，全面、客观反映水文工作在经济社会发展中发挥的重要作用，为开展水文行业管理、制定水文发展战略、指导水文现代化建设等提供参考。报告内容取材于全国水文系统提供的各项工作总结和相关统计资料以及本年度全国水文管理与服务中的重要事件。

　　《2022 水文发展年度报告》由综述、综合管理篇、规划与建设篇、水文站网管理篇、水文监测管理篇、水情气象服务篇、水资源监测与评价篇、水质水生态监测与评价篇、科技教育篇等 9 个方面，以及"2022 年度全国水文行业十件大事""2022 年度全国水文发展统计表"组成，供有关单位和读者参阅。

水利部水文司

2023 年 6 月

目　　录

第一部分

综 述

　　2022年是党的二十大胜利召开之年，也是我国水利发展史上具有里程碑意义的一年。2022年6月，习近平总书记在四川考察时强调，要加强统筹协调，提高降雨、台风、山洪、泥石流等预警预报水平；8月，在辽宁考察时强调，要加强汛情监测，及时排查风险隐患，抓细抓实各项防汛救灾措施。水利部党组高度重视水文工作，2022年8月22—23日，李国英部长深入湖南省洞庭湖城陵矶水文站、江西省鄱阳湖星子水文站等地调研，并指出，水利现代化建设，水文要先行。要求进一步完善水文监测手段，加强水文现代化建设，做到"知其然、知其所以然、知其所以必然"；要求建立健全雨水情监测预报体系，要以延长预见期、提高精准度为目标，加快构建气象卫星和测雨雷达、雨量站、水文站组成的雨水情监测"三道防线"。一年来，全国水文系统认真贯彻党中央、国务院决策部署，落实水利部党组工作要求，攻坚克难、实干笃行，加快水文现代化建设，为推动新阶段水利高质量发展提供有力支撑和保障。

　　一是支撑打赢水旱灾害防御硬仗成绩突出。2022年，我国主要江河发生10次编号洪水、626条河流发生超警以上洪水、27条河流发生超历史实测记录洪水；珠江、长江流域相继发生历史罕见气象水文干旱，长江口遭遇严重咸潮入侵。面对严峻的汛情旱情咸情，全国水文系统坚持"预"字当先、"实"字托底，精心监测，精准预报，绷紧"降雨—产流—汇流—演进"链条，滚动更新洪水预报42.5万站次，为水旱灾害防御夺取全面胜利提供了有力支撑。

二是服务复苏河湖生态环境成效显著。全国水文系统强化水量、水质、水生态和地下水监测分析评价，服务母亲河复苏行动，为京杭大运河全线贯通补水、永定河贯通入海和华北地区河湖生态环境复苏等行动提供水文技术保障。全面完成全国 280 多处重点河湖生态流量保障目标控制断面、800 多处省界和重要控制断面水文监测和信息报送。稳步推进水质水生态监测，完成汉江、三峡库区、鄱阳湖等水域底栖生物、鱼类等水生生物监测分析评价。完成华北地区和三江平原等 10 个重点区域地下水超采动态评价、华北地区地下水水位逐月变化预警。

　　三是水文基础设施建设加快推进。出台《水利部关于推进水利工程配套水文设施建设的指导意见》，推动加快建立与防汛调度和国家水网相匹配的现代化国家水文站网。各地加快推进水文规划前期工作、多渠道争取投资，新建改建测站、监测中心 3500 余处，加快构建雨水情监测"三道防线"，加快推进水文测验方式提档升级。国家地下水监测二期工程可研报告通过水利部审查，加快编制《全国水质水生态监测规划》。

　　四是水文事业发展成果丰硕。水利部印发《水文设施工程验收管理办法》《水质监测质量和安全管理办法》。四川省出台《四川省水文条例》。水利部首次发布包含水文全面信息的《中国水文年报》，为支撑经济社会高质量发展提供重要基础性资料和科学依据。国家地下水监测工程入选"人民治水·百年功绩"治水工程。水利部发布《水文基础设施建设及技术装备标准》（SL/T 276—2022）。全国水文系统获得或入选省部级以上科技奖 14 项，其中，入选大禹水利科学技术奖特等奖 1 项、一等奖 3 项。全国水文单位在中央和地方媒体发布各类报道 6000 余篇。

第二部分

综合管理篇

2022 年，全国水文系统坚决贯彻落实习近平总书记治水重要论述和指示批示精神，深入落实全国水利工作会议精神和水文工作会议部署，积极践行新阶段水利高质量发展六条路径，持续推进水文体制机制法治建设、水文经费投入、国际交流合作、水文行业宣传和精神文明建设等各项工作，水文行业管理迈出坚实步伐。

一、部署年度水文工作

3 月 21 日，水利部在北京召开 2022 年水文工作会议（图 2-1）。水利部副部长刘伟平出席会议并讲话，水利部机关有关司局、在京直属有关单位负责人在主会场参加会议，各流域管理机构、各省（自治区、直辖市）水利（水务）厅（局）和新疆生产建设兵团水利局分管负责同志、水文行政管理处室负责同志，以及水文部门主要负责同志等在分会场参加会议。刘伟平副部长肯定了2021 年全国水文系统在水文测报、水文规划建设、水文行业管理、水文服务支撑、水文科技创新和国际合作、水文宣传和精神文明建设等方面取得的成绩，强调要准确把握统筹发展和安全、贯彻新发展理念、推动新阶段水利高质量发展对水文工作提出的新要求，按照《水文现代化建设规划》和《全国水文基础设施建设"十四五"规划》确定的水文发展方向、思路、目标和任务，从完善国家水文站网、推进水文监测自动化、推进水文预报预警预演实时化、推进水文信息分析评价智能化、提升水文行业管理水平、推进水文文化建设等六个方面，抓好规划任务的落实。要求 2022 年要全力做好水旱灾害防御水文测报工作，着力做好水资源水生态服务支撑，改进测报技术手段，健全体制机制法治，加强能力建设，推进新阶段水文事业高质量发展。

图 2-1　水利部在北京召开 2022 年水文工作会议

全国水文系统迅即响应，认真学习贯彻水文工作会议精神。青海省 3 月 24 日召开全省水文工作会议，强调要从明确政治方向、狠抓主责主业、加强沟通对接、健全体制机制四个方面提升水文行业发展综合能力。甘肃省 3 月 25 日召开全省水文工作会议，强调要持续履行好监测预警职能，加强水资源调查评价和分析研究，持续做好水质水生态监测、河湖生态流量监测预警和健康评价工作，推动服务产品的多样化和信息服务的便捷化。云南省 3 月 28 日召开全省水文工作视频会议，强调全省各级水行政主管部门要加强对水文工作的组织领导，进一步重视支持水文工作，推动水文事业发展全面纳入地方发展规划，纳入地方政府议事内容，全面做好统筹协调保障；全省水文系统要加快推进水文现代化建设。江西省 4 月 8 日召开全省水文工作会议，强调要全力做好水旱灾害防御支撑，加强智慧水文的顶层设计和统筹谋划，完善监测站网布局，加强测报新技术应用，推动水文测报能力不断提升。湖南省 4 月 19 日召开全省水文工作会议，强调全省水文系统要聚焦极端暴雨和超标准洪水防御，加强雨水旱情监测，提升预测预警预报能力，全力支撑防汛抗旱；要提升水资源水生态水环境监测评价分析能力，切实为水资源管理和水生态环境保护治理提供基础支撑；要围绕水利高质量发展六条路径，谋划和实施好具体落实措施，全力支撑水利和经济社会发展。广东省 5 月 7 日召开全省水文工作会议，省政府有关领导出席会议并讲话。会议强调，省委、省政府高度重视水文工作，省领导出席水文工作会议，是广东水文历史上的空前大事，充分体现了省委、省政府对水文工作的关心和支持，必将极大鼓舞和激励全省水文干部职工。会议要求，全省各地、各有关部门要加强顶层设计、大力推进智慧水文建设、加强"四预"能力建设等，省水利厅发挥牵头抓总作用，省水文局抓好具体工作，省发展和改革委员会、财政厅、应急管理厅、政务服务数据管理局等部门及各地要分工负责，做好政策保障和资金、要素支持。

二、政策法规体系建设

1. 健全法规制度体系

水文法规体系不断健全。水利部印发《水文设施工程验收管理办法》《水质监测质量和安全管理办法》。2022 年 12 月 2 日，四川省人大常委会表决通过《四川省水文条例》，2023 年 1 月 1 日起正式施行，引领水文高质量发展。宁夏回族自治区政府修订颁布《宁夏回族自治区实施〈中华人民共和国水文条例〉办法》。江苏省南通市和连云港市人民政府颁布水文管理办法，常州市人民政府修订水文管理办法，全省 70% 设区市已颁布实施水文管理办法。山东省济南市、临沂市及河东区人民政府颁布水文管理办法，枣庄市市中区人民政府出台加强水文工作的意见。重庆市水利局、财政局印发《重庆市水文现代化建设市级补助资金和项目管理办法》。河北省水利厅印发《关于加强水文监测环境和设施保护工作的通知》。山东省水利厅印发加强水文监测环境和设施保护的系列文件。各地根据《水利部水旱灾害防御应急响应工作规程》，健全完善水情预警发布工作机制，天津市水务局印发《天津市洪水预警发布管理办法（试行）》，四川省水利厅印发《四川省水旱灾害防御预报预警管理办法（试行）》，浙江省水利厅修订印发《浙江省水文情报预报管理办法》。浙江省杭州市印发《杭州市水文测站运行管理工作质量考核评价办法》《杭州市本级水雨情遥测站设施设备运行维护服务质量验收评定办法》，宁波市印发《宁波市专用水文测站管理办法（试行）》。松辽水利委员会（简称松辽委）水文局编制印发《松辽委水文局（信息中心）基本建设项目管理办法》等系列管理办法。

截至2022年年底，全国有26个省（自治区、直辖市）制（修）订出台了水文相关政策文件（表2-1）。

表2-1 地方水文政策法规建设情况表

省（自治区、直辖市）	行政法规		政府规章	
	名　称	出台时间/（年-月）	名　称	出台时间/（年-月）
河北	《河北省水文管理条例》	2002-11		
辽宁	《辽宁省水文条例》	2011-07		
吉林	《吉林省水文条例》	2015-07		
黑龙江			《黑龙江省水文管理办法》	2011-08
上海			《上海市水文管理办法》	2012-05
江苏	《江苏省水文条例》	2009-01		
浙江	《浙江省水文管理条例》	2013-05		
安徽	《安徽省水文条例》	2010-08		
福建			《福建省水文管理办法》	2014-06
江西			《江西省水文管理办法》	2014-01
山东			《山东省水文管理办法》	2015-07
河南	《河南省水文条例》	2005-05		
湖北			《湖北省水文管理办法》	2010-05
湖南	《湖南省水文条例》	2006-09		
广东	《广东省水文条例》	2012-11		
广西	《广西壮族自治区水文条例》	2007-11		

续表

省（自治区、直辖市）	行政法规		政府规章	
	名　称	出台时间/（年-月）	名　称	出台时间/（年-月）
重庆	《重庆市水文条例》	2009-09		
四川	《四川省水文条例》	2022-12	《四川省〈中华人民共和国水文条例〉实施办法》	2010-01
贵州			《贵州省水文管理办法》	2009-10
云南	《云南省水文条例》	2010-03		
西藏			《西藏自治区水文管理办法》	2020-08
陕西	《陕西省水文条例》（2019年修订）	2019-01		
甘肃			《甘肃省水文管理办法》	2012-11
青海			《青海省实施〈中华人民共和国水文条例〉办法》	2009-02
宁夏			《宁夏回族自治区实施〈中华人民共和国水文条例〉办法》（2022修正二）	2022-09
新疆			《新疆维吾尔自治区水文管理办法》	2017-07

2. 强化水行政执法，维护水文合法权益

全国水文系统持续推进《中华人民共和国水文条例》的贯彻落实，加强水行政执法力度，依法维护水文合法权益，保护水文监测环境和水文设施。水利部水文司开展"违法实施对水文监测有影响的活动"调查，收集整理相关违法问题线索。黄河水利委员会（简称黄委）水文局根据《黄河河道巡查报告制度》，充分运用卫星遥感、无人机、视频监控等信息化手段，对重点区域实施动态监管，组织开展水文监测保护区日常河道巡查定期河道巡查，出动 3000 余人次，行程超过 30000km，共发现影响水文监测的违法行为 22 起。淮河水利委员会（简称淮委）水文监察支队以淮河流域省界断面水资源监测站网运行管理、淮委骆马湖水文巡测基地及重点防洪区域水文监测预警设施建设管理为抓手，定期对测站保护范围内影响水文监测的相关活动进行现场监督检查，依托测站视频监控系统辅以远程巡查，全年共出动 15 次，出动人员 32 人次、车辆 15 次，巡查监管对象 53 个。

安徽省水利厅分管负责人主持召开涉水工程对水文监测环境和设施影响情况专题汇报会，印发安徽省水利厅专题会议纪要（第 1 号）和《关于切实加强水文基础设施建设与管理工作的通知》（皖水文函〔2022〕50 号）。起草《安徽省〈水文监测环境和设施保护办法〉实施细则》，优化审批流程，让水行政执法有力度更有温度。在防汛保安专项执法行动中，开展为期半年的水文监测环境和设施保护专项整治行动，全面排查梳理自 2011 年以来影响水文监测环境和设施的涉水工程 84 项，有效处置 12 项，落实补偿资金 556 万元；有效处置在水文监测环境保护范围内明令禁止的停靠船只、放置鱼簖等违法活动 27 起。完成宣城、新河庄等 9 处水文测站保护范围确权划界工作。强化常态化执法巡查，利用视频监控、无人机巡查等技术手段，提高执法精准度和执法效率，2022 年水行政执法河道巡查长度 89172km，巡查湖库水域面积 777km^2，巡查监管对象 431 个，出动执法人员 21288 人次，出动执法车辆 2930 车次，出动执法船只 301 航次。

山东省完成 107 处国家基本水文站、225 处专用水文站的保护范围划定工作，依法查处济南崮山水文站保护范围被侵占等多起违法案例，经验做法通过《水利简报》向全国推广。

河南省开展了 2022 年汛前影响水文监测和妨碍河道行洪专项执法检查活动，共排查出各类问题 201 项，解决较典型重大问题 25 项，通过执法促使破坏方修复或重建各类水文设施 36 个，落实补偿资金 86.88 万元。全年共出动人员 6000 余人次，完成了 126 个国家基本水文站测验断面上下游各 10km 范围非法采砂暗访工作，发现和解决非法采砂问题 3 项。

湖北省结合汛前准备检查和水文站点设施养护巡检开展执法巡查，处置了鄂州樊口水文站水位监测断面受市政工程影响、黄石阳新水文站受富水航道疏浚影响、咸宁大屋场水文站受水库改建异地迁建影响等典型案例。以河道非法采砂专项整治暨打击整治涉砂违法犯罪专项行动为抓手，荆州、黄冈砂管基地采取巡查和联合执法打击非法采砂，拆除黄冈市、鄂州市、黄石市"三无"砂船 5 艘，查获非法采砂船 8 艘。在全省范围内首次查获套牌船 2 艘，参加沿长江各市统一开展全省河道非法采砂专项整治清江行动（代号"2022—联动"）。

3. 优化政务服务，规范行政审批

水利部认真贯彻落实《国务院办公厅关于全面实行行政许可事项清单管理的通知》（国办发〔2022〕2 号）文件精神，深化水利"放管服"改革，水利部水文司制定完成"外国组织或个人在华从事水文活动审批""国家基本水文测站设立和调整审批""国家基本水文测站上下游建设影响水文监测的工程审批""专用水文测站设立、撤销审批" 4 个水文相关行政许可事项实施规范。2022 年 8 月，水利部水文司印发《水利部本级水文行政许可事中事后监管实施方案（试行）》（水文站函〔 2022 〕16 号），完成长江水利委员会（简称长江委）、太湖流域管理局（简称太湖局）等流域管理机构和山西、湖南、云南等省 5 个单位的行政许可事项事中事后监管检查。淮委水文局编制《淮委对专用水文测站的设立和调整、国家基本水文测站上下游建设影响水文监测的工程事中事后监管实施方案》。太湖局编制《太湖局对国家基本水文测站上下游建设影响水文监测工程、专用水文测站设立和调整的事中事后监管实施方案》。

积极推进各地政务信息公开。上海市拓展服务范围，设置"一网通办"新增水情信息、水情预报预警发布、市管河道水文测站历史最高（最低）水位查询等 5 项公共服务事项；提供政府信息公开、市民热线、来函申请服务 36 次，发布水情通报 13 期、水情预警 1 次。江苏省主办 12345 政风热线事项 7 件，政府信息公开申请事项 4 件，呈报省政府典型案例 1 件。浙江省通过"最多跑一次"政务服务窗口，提供优质高效的"跑零次"服务，全年受理水文资料查阅、使用服务 176 次，按照"政府信息依申请公开"提供水文资料服务，全年提供 1.33 万页、1.48 万站年、554.6 万组水文数据；完成历史文书档案全文扫描及目录标化项目，数字化成果经浙江省电子政务数据灾难备份中心（浙江省档案馆）检测后移交进馆。

三、机构改革与体制机制

1. 水文体制机制建设

水文体制机制改革持续深化。黄委水文局优化调整人员编制和机构设置，批复山东水文水资源局成立黄河口水质水生态监测中心，完成基层局所属水质监测中心调整人员编制和领导职数相关工作（图 2-2）。

图 2-2 黄委基层局所属水质监测中心调整人员编制和领导职数相关文件

天津市制定《天津市水文水资源管理中心专业技术人员聘期制实施办法（试行）》，强化中心专业技术人员岗位聘用与管理。辽宁省制定《内设（分支）机构与厅机关部门职责清单》，进一步明晰了内部相关职责和流程。江苏省增设高淳、昆山、张家港、丹阳等 4 个县级水文监测中心，30 个县级水文机构全面升格为正科级。浙江省水文管理中心和全省 11 个区市和 71 个县级水文机构完成事业单位改革，其中浙江省水文管理中心为副厅级公益一类事业单位，杭州市水文水资源监测中心、宁波市水文站为正处级事业单位，温州市水文管理中心、湖州市水文与水源地管理中心、嘉兴市水文站、绍兴市水文管理中心、金华市水文管理中心、衢州市水文与水旱灾害防御中心、舟山市水利防汛技术和信息中心（舟山市水文站）、台州市水文站和丽水市水文管理中心为正科级事业单位。安徽省宿州市、淮北市农村供水水质监测中心正式挂牌运行。福建水文与平潭管委会联合共建平潭水文中心，与太湖流域水文局、平潭联合成立太湖流域福建省平潭海岛水文水资源研究中心。山东省水文计量检定中心经中共山东省委机构编制委员会办公室批复，调整为独立建制副处级公益二类事业单位，成为山东省首家获批成立的水文专业计量技术机构。河南省水文水资源测报中心确定单位职能配置、内设机构和人员编制，作为河南省水文水资源中心分支机构，下设 18 个水文水资源测报分中心，经费实行财政全额保障。重庆市各级水文机构根据《重庆市专业技术类公务员分类改革实施方案》《重庆市专业技术类公务员专业技术任职资格评定实施细则（试行）》的规定，积极推进并完成专技类公务员职称评定、职级套转相关工作。四川省委编办印发《关于省水文水资源勘测中心部分分支机构加挂牌子的批复》，南充、绵阳等 10 个地区水文中心加挂水旱灾害联防联控监测预警中心牌子。

截至 2022 年年底，全国水文部门共设有地市级水文机构 299 个，其中，实行水文双重管理的 130 个，山东、河南、湖南、广东、广西、云南等省（自治区）地市级水文机构全部实现双重管理。全国有 18 个省（自治区、直辖市）共设立 641 个县级水文机构，其中，实行水文双重管理的 334 个。全国有 1 个省级水文机构——辽宁省水文局为正厅级单位，内蒙古、吉林、黑龙江、浙江、安徽、江西、山东、湖北、湖南、广东、广西、四川、贵州、云南、新疆等 15 个省级水文机构为副厅级单位或配备副厅级领导干部，24 个省（自治区）地市级水文机构为正处级或副处级单位。地市级和县级行政区划水文机构设置情况见表 2-2。

表2-2 地市级和县级行政区划水文机构设置情况

省（自治区、直辖市）	已设立地市级水文机构的地市		已设立县级水文机构的区县	
	水文机构数量	名 称	水文机构数量	名 称
北京			5	朝阳区、顺义区、大兴区、丰台区、昌平区
天津			4	塘沽、大港、屈家店、九王庄
河北	11	石家庄市、保定市、邢台市、邯郸市、沧州市、衡水市、承德市、张家口市、唐山市、秦皇岛市、廊坊市	35	涉县、平山县、井陉县、崇礼县、邯山区、永年县、巨鹿县、临城县、邢台市桥东区、正定县、石家庄市桥西区、阜平县、易县、雄县、唐县、保定市竞秀区、衡水市桃城区、深州市、沧州市运河区、献县、黄骅市、三河市、廊坊市广阳区、唐山市开平区、滦州市、玉田县、昌黎县、秦皇岛市北戴河区、张北县、怀安县、张家口桥东区、围场县、宽城县、兴隆县、丰宁县
山西	9	太原市、大同市（朔州市）、阳泉市、长治市（晋城市）、忻州市、吕梁市、晋中市、临汾市、运城市		
内蒙古	11	呼和浩特市、包头市、呼伦贝尔市、兴安盟、通辽市、赤峰市、锡林郭勒盟、乌兰察布市、鄂尔多斯市、阿拉善盟（乌海市）、巴彦淖尔市		
辽宁	14	沈阳市、大连市、鞍山市、抚顺市、本溪市、丹东市、锦州市、营口市、阜新市、辽阳市、铁岭市、朝阳市、盘锦市、葫芦岛市	12	台安县、桓仁县、彰武县、海城市、盘山县、大洼县、盘锦双台子区、盘锦兴隆台区、朝阳喀左县、营口大石桥市、丹东宽甸满族自治县、锦州黑山县
吉林	9	长春市、吉林市、延边市、四平市、通化市、白城市、辽源市、松原市、白山市		
黑龙江	10	哈尔滨市、齐齐哈尔市、牡丹江市、佳木斯市（双鸭山市、七台河市、鹤岗市）、大庆市、鸡西市、伊春市、黑河市、绥化市、大兴安岭地区		

续表

省（自治区、直辖市）	已设立地市级水文机构的地市		已设立县级水文机构的区县	
	水文机构数量	名　称	水文机构数量	名　称
上海			9	浦东新区、奉贤区、金山区、松江区、闵行区、青浦区、嘉定区、宝山区、崇明县
江苏	13	南京市、无锡市、徐州市、沧州市、苏州市、南通市、连云港市、淮安市、盐城市、扬州市、镇江市、泰州市、宿迁市	30	太仓市、常熟市、盱眙县、涟水县、海安市、如东县、兴化市、宜兴市、江阴市、溧阳市、金坛市、句容市、新沂市、睢宁县、邳州市、丰县、沛县、高邮市、仪征市、阜宁县、响水县、大丰市、泗洪县、沭阳县、赣榆县、东海县、南京市高淳区、张家港市、昆山市、丹阳市
浙江	11	杭州市、嘉兴市、湖州市、宁波市、绍兴市、台州市、温州市、丽水市、金华市、衢州市、舟山市	71	余杭区、临安区、萧山区、建德市、富阳市、桐庐县、淳安县、鄞州区、镇海区、北仑区、奉化市、余姚市、慈溪市、宁海县、象山县、瓯海区、龙湾县、瑞安市、苍南县、平阳县、文成县、永嘉县、乐清市、洞头县、泰顺县、德清县、长兴县、安吉县、秀洲区、南湖区、海宁市、海盐县、平湖市、桐乡市、嘉善县、柯桥区、嵊州市、新昌县、上虞市、诸暨市、义乌市、永康市、东阳市、浦江县、武义县、磐安县、江山市、常山县、开化县、龙游县、定海区、普陀区、岱山县、嵊泗县、临海市、三门县、天台县、仙居县、黄岩区、温岭市、玉环县、莲都区、缙云县、庆元县、青田县、云和县、龙泉市、遂昌县、松阳县、景宁县、海曙区
安徽	10	阜阳市（亳州市）、宿州市（淮北市）、滁州市、蚌埠市（淮南市）、合肥市、六安市、马鞍山市、安庆市（池州市）、芜湖市（宣城市、铜陵市）、黄山市		
福建	9	抚州市、厦门市、宁德市、莆田市、泉州市、漳州市、龙岩市、三明市、南平市	38	福州市晋安区、永泰县、闽清县、闽侯县、福安市、古田县、屏南县、莆田市城厢区、仙游县、南安市、德化县、安溪县、漳州市芗城区、平和县、长泰县、龙海市、诏安县、龙岩市新罗区、长汀县、上杭县、漳平市、永定县、永安市、沙县、建宁县、宁化县、将乐县、大田县、尤溪县、南平市延平区、邵武市、顺昌县、建瓯市、建阳市、武夷山市、松溪县、政和县、浦城县
江西	7	上饶市（景德镇市、鹰潭市）、南昌市、抚州市、吉安市、赣州市、宜春市（萍乡市、新余市）、九江市	2	彭泽县、湖口县

续表

省（自治区、直辖市）	已设立地市级水文机构的地市		已设立县级水文机构的区县	
	水文机构数量	名 称	水文机构数量	名 称
山东	16	滨州市、枣庄市、潍坊市、德州市、淄博市、聊城市、济宁市、烟台市、临沂市、菏泽市、泰安市、青岛市、济南市、威海市、日照市、东营市	75	济南市城区、历城区（章丘区）、长清区（平阴区）、济阳区、商河县、青岛市城区、西海岸新区、胶州市、青岛市即墨区、平度市、莱西市、淄博市张店区（周村区、临淄区）、淄博市博山区（淄川区）、高青县（桓台县）、沂源县、枣庄市薛城区、枣庄市台儿庄区、枣庄市山亭区、滕州市、东营市东营区（垦利区）、东营市河口区（利津县）、广饶县、烟台开发区、烟台市牟平区（莱山区）、龙口市、烟台市莱阳市（海阳市）、蓬莱市（长岛县）、招远市（莱州市）、潍坊市奎文区、诸城市、寿光市（青州市）、安丘市（昌乐县）、昌邑市（高密市）、临朐县、济宁市任城区、邹城市（微山县）、金乡县（鱼台县）、嘉祥县（梁山县）、汶上县（兖州区）、泗水县（曲阜市）、泰安市泰山区（岱岳区）、新泰市、肥城市（宁阳县）、东平县、威海市文登区（环翠区）、荣成市、乳山市、日照市东港区（岚山区）、五莲县、莒县、莱城、雪野旅游区、临沂经开区、沂南县（沂水县）、兰陵县、费县（平邑县）、莒南县（临沭县、临港区）、蒙阴县、武城县（德城区、夏津县）、乐陵市（庆云县、宁津县）、临邑县（陵城区、平原县）、齐河县（禹城市）、聊城市东昌府区、莘县（阳谷县）、东阿县（茌平县）、冠县（临清西部）、高唐县（临清东部）、滨州市滨城区（博兴县）、阳信县（无棣县、沾化区）、邹平市（惠民县）、菏泽市牡丹区（东明县）、菏泽市定陶区（曹县）、单县、巨野县（成武县）、郓城县（鄄城县）
河南	18	洛阳市、南阳市、信阳市、驻马店市、平顶山市、漯河市、周口市、许昌市、郑州市、濮阳市、安阳市、商丘市、开封市、新乡市、三门峡市、济源市、焦作市、鹤壁市	55	郑州市市辖区（中牟县、荥阳市）、登封市、开封市市辖区（尉氏县）、杞县（通许县）、洛阳市市辖区（孟津县、伊川县、偃师市、新安县）、汝阳县（嵩县）、平顶山市市辖区（叶县）、汝州市（郏县、宝丰县）、舞钢市、鲁山县、安阳市市辖区（汤阴县、内黄县）、林州市、鹤壁市市辖区（淇县）、浚县、新乡市市辖区（获嘉县）、卫辉市、长垣县、焦作市市辖区、泌阳县、濮阳市市辖区、南乐县（清丰县）、范县（台前县）、许昌市市辖区（长葛市、襄城县、禹州市）、漯河市市辖区、舞阳县、临颍县、三门峡市市辖区（陕县、渑池县、义马市）、灵宝市、商丘市市辖区（虞城县、夏邑县、民权县）、永城市、柘城县（睢县、宁陵县）、周口市市辖区（西华县、商水县、淮阳县）、鹿邑县、沈丘县（项城市）、太康县（扶沟县）、驻马店市市辖区（遂平县）、新蔡县、上蔡县（西平县）、确山县（正阳县）、汝南县、南阳市市辖区（镇平县、社旗县、方城县）、邓州市（新野县）、南召县、西峡县（淅川县）、内乡县、唐河县（桐柏县）、信阳市市辖区（浉河）、信阳市市辖区（淮干上游地区）、淮滨县、固始县（商城县）、光山县、潢川县、新县、息县（罗山县）、济源市

续表

省（自治区、直辖市）	已设立地市级水文机构的地市		已设立县级水文机构的区县	
	水文机构数量	名 称	水文机构数量	名 称
湖北	17	武汉市、黄石市、襄阳市、鄂州市、十堰市、荆州市、宜昌市、黄冈市、孝感市、咸宁市、随州市、荆门市、恩施土家族苗族自治州、潜江市、天门市、仙桃市、神农架林区	53	阳新县、房县、竹山县、夷陵区、当阳市、远安县、五峰土家族自治县、宜都市、枝江市、枣阳市、保康县、南漳县、谷城市、红安县、麻城市、团风县、新洲区、罗田县、浠水县、蕲春县、黄梅县、英山县、武穴市、大梧县、应城市、安陆市、通山县、咸丰县、随县、广水市、孝昌县、云梦县、兴山县、崇阳县、咸安区、通城县、曾都区、洪湖市、松滋市、公安县、江陵县、监利县、荆州区、沙市区、石首市、丹江口、钟祥市、京山县、汉川市、孝南区、黄陵区、恩施市、黄州区
湖南	14	株洲市、张家界市、郴州市、长沙市、岳阳市、怀化市、湘潭市、常德市、永州市、益阳市、娄底市、衡阳市、邵阳市、湘西土家族苗族自治州	83	湘乡市、双牌县、蓝山县、醴陵县、临澧县、桑植县、祁阳县、桃源县、凤凰县、浏阳市、永顺县、安仁县、宁乡县、石门县、新宁县、保靖县、桂阳县、隆回县、泸溪县、嘉禾县、安化县、溆浦县、江永县、邵阳县、衡山县、桃江县、永州市冷水滩区、芷江县、吉首市、津市市、慈利县、南县、麻阳苗族自治县、澧县、攸县、炎陵县、耒阳市、冷水江市、双峰县、洞口县、沅陵县、会同县、道县、平江县、桂东县、常宁市、湘阴县、长沙市城区、长沙县、通道侗族自治县、娄底市城区、涟源市、新化县、龙山县、武陵源区、衡阳市城区、邵阳市城区、衡东县、祁东县、绥宁县、江华县、新田县、宁远县、郴州市城区、资兴市、临武县、怀化市城区、新晃侗族自治县、永定区、益阳市城区、临湘市、常德市城区、湘潭县、湘潭市城区、岳阳市城区、株洲市城区、南岳区、汉寿县、衡阳县、衡南县、洪江市、武冈市、邵东县
广东	12	广州市、惠州市（东莞市、河源市）、肇庆市（云浮市）、韶关市、汕头市（潮州市、揭阳市、汕尾市）、佛山市（珠海市、中山市）、江门市（阳江市）、梅州市、湛江市、茂名市、清远市、深圳市	49	番禺区、增城区、黄埔区、从化区、南沙区、顺德区、三水区、高明区、斗门区、香洲区、湘桥区、揭西县、惠来县、陆丰市、乐昌市、浈江区、仁化县、翁源县、新丰县、惠东县、博罗县、龙门县、紫金县、东源县、龙川县、高要区、怀集县、封开县、四会市、新兴县、梅县、大埔县、蕉岭县、五华县、兴宁市、开平市、新会区、江城区、阳春市、吴川市、雷州市、廉江市、化州市、高州市、信宜市、清城区、英德市、连州市、阳山县

省（自治区、直辖市）	已设立地市级水文机构的地市		已设立县级水文机构的区县	
	水文机构数量	名　称	水文机构数量	名　称
广西	12	钦州市（北海市、防城港市）、贵港市、梧州市、百色市、玉林市、河池市、桂林市、南宁市、柳州市、来宾市、贺州市、崇左市	77	南宁市（城区）、武鸣区、上林县、隆安县、横县、宾阳县、马山县、柳州市（城区）、柳城县、鹿寨县、三江县、融水县、融安县、桂林市（城区）、临桂区、全州县、兴安县、灌阳县、资源县、灵川县、龙胜县、阳朔县、恭城县、平乐县、荔浦县、永福县、梧州市（城区）、藤县、岑溪市、蒙山县、钦州市（城区）、钦北区、浦北县、灵山县、北海市（城区）、合浦县、防城港市（城区）、东兴市、上思县、贵港市（城区）、桂平市、平南县、玉林市城区（兴业县）、容县、北流市、博白县、陆川县、百色市城区（田阳县）、凌云县、田林县、西林县、隆林县、靖西市（德保县）、那坡县、田东县（平果县）、贺州市城区（钟山县）、昭平县、富川县、河池市城区、宜州区、南丹县、天峨县、东兰县、凤山县、罗城仫佬族自治县、都安县（大化县）、巴马县、环江县、来宾市城区（合山市）、忻城县、象州县（金秀县）、武宣县、崇左市城区、龙州县（凭祥市）、大新县、宁明县、扶绥县
重庆			39	渝中区、江北区、南岸区、沙坪坝区、九龙坡区、大渡口区、渝北区、巴南区、北碚区、万州区、黔江区、永川区、涪陵区、长寿区、江津区、合川区、万盛区、南川区、荣昌区、大足县、璧山县、铜梁县、潼南县、綦江县、开县、云阳县、梁平县、垫江县、忠县、丰都县、奉节县、巫山县、巫溪县、城口县、武隆县、石柱县、秀山县、酉阳县、彭水县
四川	21	成都市、德阳市、绵阳市、内江市、南充市、达州市、雅安市、阿坝州、凉山彝族自治州、眉山市、广元市、遂宁市、宜宾市、泸州市、广安市、巴中市、甘孜州、乐山市、攀枝花市、自贡市、资阳市		
贵州	9	贵阳市、遵义市、安顺市、毕节市、铜仁市、黔东南苗族侗族自治州、黔南布依族苗族自治州、黔西南布依族苗族自治州、六盘水市		

续表

省（自治区、直辖市）	已设立地市级水文机构的地市		已设立县级水文机构的区县	
	水文机构数量	名　称	水文机构数量	名　称
云南	14	曲靖市、玉溪市、楚雄彝族自治州、普洱市、西双版纳傣族自治州、昆明市、红河哈尼族彝族自治州、德宏傣族景颇族自治州、昭通市、丽江市、大理白族自治州（怒江傈僳族自治州、迪庆藏族自治州）、文山壮族苗族州、保山市、临沧市	1	长宁县
西藏	7	阿里地区、林芝地区、日喀则地区、山南地区、拉萨市、那曲地区、昌都地区		
陕西	10	西安市、榆林市、延安市、渭南市、铜川市、咸阳市、宝鸡市、汉中市、安康市、商洛市	3	志丹县、华阴市、韩城市
甘肃	10	白银市（定西市）、嘉峪关市（酒泉市）、张掖市、武威市（金昌市）、天水市、平凉市、庆阳市、陇南市、兰州市、临夏回族自治州（甘南藏族自治州）		
青海	6	西宁市、海东市（黄南藏族自治州）、玉树藏族自治州、海南藏族自治州（海北藏族自治州）、海西蒙古族藏族自治州		
宁夏	5	银川市、石嘴山市、吴忠市、固原市、中卫市		
新疆	14	乌鲁木齐市、石河子市、吐鲁番地区、哈密地区、和田地区、阿克苏地区、喀什地区、塔城地区、阿勒泰地区、克孜勒苏柯尔克孜自治州、巴音郭楞蒙古区、昌吉回族自治州、博尔塔拉蒙古自治州、伊犁哈萨克自治州		
合计	299		641	

2. 政府购买服务实践

全国水文系统积极推动社会力量参与水文工作，持续推进水文业务政府购买服务。浙江省按照"财权与事权相应"的原则，由省、市、县水文部门分级开展水文业务购买服务，全省水文业务政府购买服务经费 6095 万元。安徽省 2022 年预算批复水文政府购买服务项目 23 项，预算总金额 2192 万元。江西省 2022 年通过政府购买服务投入的运维资金约 2200 万元，较 2021 年提升 54.9%，全年购买服务用工人数约 225 人；探索采用服务外包的方式开展水文设施设备维修养护，委托有资质的第三方公司参与遥测站点、水文缆道、通信保障等水文测报设施设备运行维护，全年购买服务运维站点 3000 余站；探索采用劳务派遣的方式开展水文测验等方面的辅助工作，委托有资质的第三方公司参与巡测站点的看管维护、辅助测验以及后勤保障工作。山东省水文设施运行维护政府购买服务项目由省水利厅实施，全部通过政府采购平台以公开招标方式确定承接主体，签订合同总额 6066.66 万元，主要内容为购买专用站点运行维护和监测服务。甘肃省投入 150 万元委托升级改造 20 处水位观测设备和维修 10 处水文缆道控制系统，投入 29 万元委托建设甘肃省中小河流预警预报系统、山洪灾害共享雨水情系统，投入 60 万元委托编制西汉水、永宁河生态流量目标确定及保障实施方案。宁夏回族自治区开展水文政府购买服务 286 万余元，其中信息化设备运维 64 万余元，宁夏水资源管理系统升级改造（1 期）134 万余元，引黄取水在线监测计量设施新建与改建 88 万余元。

四、水文经费投入

2022 年，各级水文部门积极筹措申请水文经费，中央和地方政府对水文投入力度持续增加，加速水文现代化建设进程。

按 2022 年度实际支出金额统计，全国水文经费投入总额 1188378 万元，较上一年增加 135850 万元，主要是事业费增加。其中：事业费 935361 万元、基建费 234717 万元、外部门专项任务费等其他经费 18300 万元。在投入总额中，中央投资 256525 万元，约占 22%，较上一年增加 20003 万元，地方投资 931853 万元，约占 78%，较上一年增加 115847 万元（图 2-3）。2012 年以来全国水文经费统计见图 2-4。

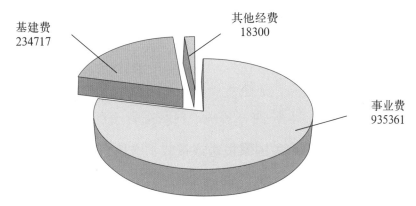

图 2-3　2022 年全国水文经费总额构成图（单位：万元）

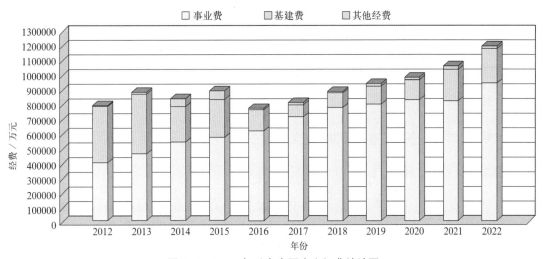

图 2-4　2012 年以来全国水文经费统计图

全国水文事业费 935361 万元，较上一年增加 121160 万元。其中，中央水文事业费投入 102666 万元，较上一年增加 4430 万元；地方水文事业费投入 832695 万元，较上一年增加 116730 万元。

全国水文基本建设投入 234717 万元，较上一年增加 19910 万元。其中，中央水文基本建设投入 153859 万元，较上一年增加 15573 万元；地方水文基本建设投入 80858 万元，较上一年增加 4337 万元。

五、国际交流与合作

2022 年，我国与俄罗斯、哈萨克斯坦、蒙古国、朝鲜、印度、湄公河委员会等周边国家和国际组织在水文报汛、过境测流、水文资料交换、跨界河流水资源管理与合作等方面积极开展工作，与周边国家和国际组织建立互信和良好合作关系，成效显著。

辽宁、吉林、黑龙江、广西、云南、西藏等省（自治区）水文部门按照国际河流水文报汛协议，向有关国家报送或接收水文信息，圆满完成中俄、中朝、中印、中越等国际河流水文报汛工作。据统计，辽宁、吉林、黑龙江、广西、云南、西藏等省（自治区）全年汛期共向周边国家和国际组织报送水文信息 22 万余条，接收国外提供的水文信息近 11 万余条。黑龙江省克服疫情影响完成中俄界河水文过境测验。广西壮族自治区及时接收并转报越南报送的相关雨水情信息，为下游防灾减灾提供信息保障。云南省按照协议向越南、缅甸、老挝、柬埔寨、泰国五国及湄公河委员会提供有关水文信息。新疆维吾尔自治区组织开展跨界河流水资源调查研究、协助开展全流域水资源评价工作，为新疆水安全保障提供重要支撑。2022 年 8 月 25 日，外交部与水利部代表、湄公河国家驻华使节、在华青年留学生、中方相关专家和中外媒体记者 50 余人组成的代表团，到云南省水文水资源局西双版纳分局下属允景洪水文站开展交流调研，在中外媒体刊发多篇消息进行深度报道，引起广泛关注。

六、水文行业宣传

2022 年，全国水文系统深入贯彻落实党的二十大精神及水利部党组工作部署，紧密围绕水利高质量发展和水文现代化建设，以宣传贯彻党的二十大为主线，积极转变水文宣传思路，持续扩大水文影响力。水利部水文司印发《关于进一步做好水文司网页报送信息审核工作的函》等文件，进一步加强水文宣传工作制度建设；围绕京杭大运河 2022 年全线贯通水文测报、"世界水日·中国水周"宣传活动、抗旱保供水等重点工作加强宣传，水利部官微相关报道——《水利部安排部署水文工作》点击量过万。2022 年通过中国水利报推出各类报道 117 篇，指导全国水文单位在水利部官网首页、水利部官微及《中国水利报》发布各类稿件 1000 余篇，联系中央媒体及地方媒体宣传报道 6000 余篇；指导《江河潮》杂志创刊 30 年纪念版刊发工作；聚焦华北地区超采区治理水文监测工作、水生态水环境监测、水文职工先进事迹及水文科普知识，共策划发布水利官微 43 篇次，其中 4 篇点击率破万。

各地水文部门积极利用网站、报刊和微信公众号等媒体平台，开展了一系列形式多样、主题鲜明的宣传活动，为水文事业高质量发展营造良好舆论氛围。

1. 广泛开展宣传报道

长江委《一场穿越时空的对决——长江水文支撑 1870 年洪水调度演练背后的故事》获"2022 年度水利好新闻"，《长江委水文局"硬核利器"保障流域防洪调度演练》被新华网转载，浏览量达 70 万人。黄委《"疫"路同行的水文加速度》宣传稿被人民日报"人民号"收录并报道。淮委积极配合央视新闻完成淮河防汛抗旱的新闻录制以及《江河奔腾看中国·淮河》宣传稿件的起草，《数字孪生淮河建设取得进展》等新闻稿件在《中国水利报》发表，《淮河水利委员会调研数字孪生流域建设工作》等多篇宣传稿件被中国水利网站采编发布。珠江水利委员会（简称珠江委）《和鱼儿一起过春节》等 2 篇稿件被《中国水利报》新春走基层栏目刊登（图 2-5）。太湖局在《中国水利报》先后发表《十年奋进铸辉煌　匠心筑梦护安澜》等报道。天津市在水利文明网刊发的《天津供水：用水解民忧　倾力优服务》获市级机关党建好新闻评选三等奖。河北省《河北承德水文中心：提升应急监测能力 筑牢防汛安全堤坝》等演习演练专题在《河北日报》、长城网、学习强国平台等省级以上媒体刊发各类

图 2-5 珠江委水文局《和鱼儿一起过春节》稿件在《中国水利报》发布

宣传稿件 90 余篇，其中冀云平台刊发的《邢台水文"哨兵"：汛情一线这样"放哨"》点击率达 477 万。辽宁省《逆行的追"峰"人——辽宁水文部门全力迎战辽河流域多轮暴雨》等多篇文章在《中国水利报》刊登。福建省《闻令而动疫线担当》等多篇报道在《中国水利报》和中国水利网登出，《我省持续推动水文监测自动化建设》在省政府办公厅《今日要讯》发表。湖南省《湖南水文：精准迎战"端午水"》等稿件在学习强国、人民网、新华网、中国水文网、《湖南日报》、新湖南、红网等媒体推出。甘肃省《坚守在洮河岸边的水文站"娘子军"》等通讯报道在《中国水利报》等媒体发表。

2. 积极拓展新媒体宣传平台

长江委长江水文微信公众号推送 270 期 535 篇，关注人数过 10 万，微信视频号、抖音视频号累计浏览量达 18.9 万次，推出《听青年科技英才说》等 10 个专题报道和《影像水文》等多部新媒体作品。黄委全力配合中央电视台、新华社、腾讯等主流媒体到黄河水文一线开展采访报道，为"江河奔腾看中国""新青年""黄河岸边是我家"等栏目提供视频、直播等资源资料；黄河水文宣传视频《水利文明秀 同心奏响文明曲》登上"人民视频"APP、"水利文明"微信公众号等媒介；新华社新青年栏目邀请龙门水文站职工完成《风雨就是命令》的拍摄并播出（图 2-6）；积极配合豫剧现代戏《大河安澜》、央视系列节目《黄河安澜》做好采访拍摄及后期宣传工作，在更高的平台宣传展示了新时代黄河水文形象，引起社会对黄河水文乃至对全国水文的广泛关注。太湖局参与澎湃新闻特别报道《一条大河波浪宽——太湖》（图 2-7）。河北省策划大运河补水测报等宣传视频 90 余条，《大运河上的水文尖兵》等视频在《河北日报》、长城网、河北水文公众平台集中展示，社会关注度和正面宣传效果显著。重庆市先后在央视新闻客户端发布《重庆綦江今夏第 1 号洪水形成》《重庆 8 区县暴雨

图 2-6　黄委水文局《风雨就是命令》在新华社新青年栏目播出

多条中小河流出现涨水过程》，阅读量达 11.8 万人次和 5.1 万人次，切实增强了社会公众对防汛抗旱工作的理解和支持，收效良好。"四川水文"微信公众号原创作品《抢测震区水文数据！这组镜头震撼人心》被多平台转载，阅读量达 3 万 + 人次。

图 2-7　太湖流域水文水资源监测中心参与澎湃新闻特别报道《一条大河波浪宽——太湖》

3. 着力打造水文文化宣传阵地

天津市发挥新兴媒体与传统媒体的联动优势，通过电子屏、办公内网、展板条幅、"节水课堂"微信公众号等方式，宣传党的创新理论，形成正面舆论强势。辽宁省布设辽宁水文120周年纪念主题展厅，宣传展播有关水文机构沿革、发展历程、取得成绩以及历年精彩瞬间，回顾辽宁水文120年沧桑巨变；印制《展现新作为 建功新时代》主题画册。江苏省打造江苏水文科普园，创建水文系统首个省级水情教育基地，并将百年水文站和特色测站打造成传播水文化的"文化聚集点""网红打卡点"和开展水情教育的"袖珍基地"。湖南省编印水文系统综合性期刊《江河潮》2期，着力讲好水文故事，为全国水文职工提供高品质精神食粮。安徽省制作的《守护安澜·徽煌水文》画册全面展示安徽水文发展历程和近年来的建设成就。福建省组织策划开展"把脉江河砺尖兵 喜迎党的二十大"主题摄影展；持续打造"10+1"水文普法宣讲平台。山东省开设线上水文科普"云展览"，打造"山东水利计量科普教育基地"、青岛市科普教育基地——闸子水文站等，实现了水文设施的整体功能和水文宣传的社会效益。广东省制作的《非凡十年·水文答卷》广东水文新宣传片及画册。宁夏回族自治区修编完成《宁夏水文志》。多地水文部门在"世界水日""中国水周"等纪念日悬挂标语、制作主题展板、播放节水护水爱水视频等，向公众宣传水利水文政策法规、建设成就，进行水情教育，科普相关知识。

4. 强化水文宣传制度建设

黄委、珠江委、云南等制定2022年宣传工作要点，明确年度宣传重点任务。松辽委初步建立通讯员和信息发布管理制度。浙江省印发《2022年浙江水文"强宣传"行动计划》，每季度发布一次全省"强宣传"工作进展。江西省制定《江西省水文监测中心宣传文化信息工作管理办法》，规范新闻报道发布、新闻媒体采访、突发公共事件信息发布流程，提升舆情应急处置能力。湖北省制定出台《湖北省水文水资源中心新闻宣传工作制度》，明确了新闻宣传工作制度。

四川省印发《2022 年四川水文宣传工作方案》，将宣传工作与业务工作同研究、同部署，纳入了年度目标绩效考核。

5. 水文援藏援疆工作

水利部水文司深入贯彻落实水利部第十次援藏工作会议精神和全国水利援疆工作会议精神，组织协调并大力推进水文援藏和援疆工作，组织各对口援藏、援疆单位，按照《水文对口援藏三年工作方案（2020—2022 年）》《水文对口援疆工作方案（2020—2022 年）》，开展援助工作。

根据《水利部水文司关于加快推进部党组直接组织和推动的第四批"我为群众办实事"实践活动有关项目的通知》精神，由水文司负责，黄委、珠江委、长江委分别承担的帮扶新疆维吾尔自治区水文局西大桥水文站提高供水保障水平、帮扶新疆维吾尔自治区水文局克尔古提水文站提高供水保障水平和帮扶西藏自治区水文水资源勘测局尼洋河洪水预报软件开发等 3 个项目在 2022 年全部完成，解决了人民群众急难愁盼问题，提升了西藏水文预报作业水平。

2022 年，水文司积极指导西藏、新疆开展《全国水文基础设施建设"十四五"规划》内重点项目前期工作，争取中央预算内投资用于西藏、新疆水文基础设施建设。各地水文部门按照水文对口援助工作机制开展了大量工作。援藏方面，黄委、淮委以及水利部南京水利水文自动化研究所（简称南自所）在新冠疫情突袭西藏时，主动了解西藏防疫物资紧缺、采购困难情况，紧急援助西藏自治区水文部门价值 9 万元各种防疫物资，助力抗击新冠疫情。黄委、河北省、山东省以及云南省积极支持西藏自治区第二届水文勘测技能大赛，为西藏水文参赛人员提供技术指导。海河水利委员会（简称海委）、江西省、广西壮族自治区和四川省选派专家赴西藏水文部门开展技术交流，进一步推动水文技术援藏工作。重庆市筹措 3 万元资金援助西藏昌都市学校供水改造项目。援疆方面，长江委技术援助石河子水文勘测局完成了 2022 年度水利部重大科技项目计划"气候变化下玛纳斯河径流成因和预测方法研究"的申报，并援助阿勒泰市水利局一台价值 4 万元的横式采样器。黄委帮助新疆维吾尔自治区水文局开展基础设施建设"十四五"项目国家基本水文站提档升级建设、大江大河水文监测系统建设工程等 10 个项目报告编制工作，援助一架价值 46 万元的测流无人机，帮助新疆水文局开展应急监测。在新疆多地新冠疫情防控形势严峻、防疫物资紧缺时，淮委第一时间做出反应，安排支援 2 万余元防疫物资。浙江省对阿克苏地区水文部门 35 名专业技术人员展开线上培训。福建省前往昌吉州水资源管理中心进行为期半年的援疆工作，开展昌吉地下水动态监测站核实普查，历时 15 天，行程近 6000km，对全州 250 个地下水监测站进行逐一普查，完成《关于昌吉州地下水监测调研报告》。湖北省邀请博州水文局参加"数字孪生流域建设思考与实践"和"水文监测实践与探索"等水文业务大讲堂活动，并为拉萨水文分局从水资源论证报告编写方法、南方 CASS 制图软件应用技术等 10 个方面进行了 32 个课时的线上授课培训，培训业务人员达 200 余人次。

6. 做好乡村振兴工作

水利部水文司深入贯彻落实习近平总书记关于实施乡村振兴重要论述精神，按照水利部党组安排部署，主动对接支持乡村振兴水利保障工作任务，全力做好巩固拓展水利扶贫成果同乡村振兴水利保障有效衔接工作，积极落实对口帮扶重庆市巫溪县工作组的安排部署，支持指导巫溪县水文站网完善等工作，推动巫溪县西阳水文站等纳入重庆市水文现代化建设规划。

各地水文部门结合实际扎实做好乡村振兴相关帮扶工作。辽宁省积极组织 17 名驻村第一书记和工作队队员在基层一线进村入户、遍访民情，跑项目、争资金，抓党建、促振兴，累计开展村屯亮化、道路硬化等帮扶项目 34 项，协调资金 1000 余万元。安徽省多次赴望江县太慈镇白莲洲村调研考察、现场研究解决问题，落实乡村振兴工作经费 8 万元，安排 85 万元项目经费实施排水沟水土保持治理项目和莲藕基地排水沟水资源项目，直接消费和帮助消费白莲洲村农产品 30 多万元，协调落实抗旱应急设备 10 套，助力白莲洲村抗旱保苗工作。云南省筹措 60 万元助力乡村振兴，继续牵头推行三家省级单位帮扶大理白族自治州弥渡县的"3+1"联席会议机制，建立处室党支部对口结对帮扶村民小组党支部，强化定期联系协调，共同帮扶谋划振兴。江西省为对口帮扶的梅溪村落实项目资金累计达到 1800 万元，驻村工作队统筹利用乡村振兴产业资金，大力发展"瓜蒌子"产业 400 亩，流转 700 亩良田用于水稻制种；同时，自筹资金发展莲藕种植，促进产业发展和创收效益，村集体收入突破 30 万元。新疆维吾尔自治区投入 22 万余元帮扶资金，启动夏依勒克村村容村貌美化项目，申报多胎羊标准化养殖示范项目，组织村民开展示范性种植豇豆 52 亩，大部分农户已达到亩均 2500 元的收入目标。

七、精神文明建设

2022 年，全国水文系统坚持以习近平新时代中国特色社会主义思想为指导，围绕新阶段水利高质量发展目标，持续加强党的建设工作，强化基层党组织建设，以学习贯彻党的二十大精神为主线，扎实推动党史学习教育常态化长效化。

1. 党建工作深入开展

水利部水文司深入学习贯彻党的二十大精神，坚持把党的政治建设摆在首位，严格落实全面从严治党责任，为推动新阶段水利高质量发展提供坚强政治保证。通过党支部、党小组、青年理论学习小组和专题讲座等方式学习贯彻党的二十大精神，推动学习提质增效；组织观看电视专题片《零容忍》，开展非职务违法犯罪典型案例警示教育学习；与水利部信息中心联合开展主题党日活动，围绕"走好第一方阵 我为二十大做贡献"，邀请黑龙江水文职工宣讲团和《水文承载着什么》作者刘惠玲进行宣讲。牢记"国之大者"，学习贯彻习近平总书记关于水利工作的重要指示批示精神，不断加深对"节水优先、空间均衡、系统治理、两手发力"治水思路的认识。从政治理论中寻找破解难题、推动工作的思路和方法，加快推进水文现代化，全力做好水文测报与水文水资源服务，为水利工作和经济社会发展提供有力支撑。水文司参与制作的《水文监测与信息服务》在第十六届全国党员教育电视片观摩交流活动中，被中共中央中组部评为三等奖。

各地水文部门深入开展党建工作，组织开展了多种形式的研学活动。突出抓好党史学习教育，积极做好"我为群众办实事"实践活动等。浙江省开展"六学六进六争先"学习实践，开展形式丰富的"追随足迹"现场学、党员承诺践诺岗位争先、青年理论学习"3+"模式等活动。福建省开展"忠诚在心、岗位奉献"对党忠诚教育和"根在基层"蹲点调研，常态化开展党史学习教育，打造"碧水红心、江河守望"特色党建品牌。山东省开展"省市县"中心模范机关三级联动、支部建设三级联创、青年理论三级联学等实践活动，推动基层党建提质增效。黑龙江省推行主题党日"135"工作模式，切实推动党内政治生活高质量发展。湖北省以"党建引领当先进、扎根基层当先哨、峰顶浪尖当先锋、把脉江河当先行、决策支撑当先导"党建品牌创建为牵引，切实发挥党建引领作用。贵州省制定《省水文水资源局深化"让党中央放心、让人民群众满意的模范机关"创建工作方案》，从争做"三个表率"、打造"六个过硬"的创建目标入手，制定 13 项基本任务、53 条具体任务，进一步丰富创建内涵、明确任务分工、增强创建实效。云南省水文精神文明建设工作紧紧围绕学习宣传贯彻党的二十大精神这一主线，推进"模范机关"建设和"对标先进、争创一流"主题实践活动，持续巩固文明创建成果，云南省水文水资源局被命名为首批"云南省直模范机关创建示范单位"。甘肃省通过签订党风廉政建设责任书，层层分解压实工作责任，紧盯节假日等重要时间节点，开展廉洁教育，推送提醒短信，筑牢党风廉政防线。

2. 精神文明建设成果丰硕

全国水文系统围绕新阶段水文事业发展，不断丰富精神文明创建内涵，推进开展精神文明创建活动。

在精神文明创建各类活动中，长江委水文局1人获"全国五一劳动奖章"（图2-8）。北京市水文总站继续保持全国文明单位、首都文明单位标兵、全国水利文明单位称号。河北省水文中心时晓飞家庭获得"全国最美家庭"称号。山西省水文水资源勘测总站获得省直文明标兵单位荣誉。辽宁省水文局党政群部党支部被确定为辽宁省党支部标准化规范化建设示范点。黑龙江省水文水资源中心哈尔滨分中心被命名为省级文明单位；黑龙江省水文水资源中心佳木斯分中心苏文峰获得"全国五一劳动奖章"称号，由他牵头的省级"劳模和工匠人才创新工作室"正式揭牌。浙江省"胡永成劳模创新工作室"入选"浙江省高技能人才（劳模）创新工作室"。福建省水文中心获评第六届全国文明单位。江西省水文监测中心荣获第十六届"江西省文明单位"称号，一户家庭获"全国最美家庭"。河南省水文水资源测报中心完成省级文明单位的创建。湖南省水文中心获评全国文明标兵单位。重庆市水文总站、綦江区水利局获水利部"全国水旱灾害防御工作先进集体"表彰。甘肃省水文站直门达水文站获"全国工人先锋号"荣誉。新疆哈密水文勘测局荣获"全国文明单位"称号。

图2-8 长江委水文局付强荣获"全国五一劳动奖章"

在精神文明创建制度建设上，黄委、松辽委、北京市印发文明单位创建工作年度安排。珠江委《公民节约用水行为规范》节水宣传进社区活动荣获水利部2022年"节水中国 你我同行"联合行动优秀活动。天津市开展"中国梦·劳动美——喜迎二十大·建功新时代"等作品征集活动。黑龙江省印发《黑龙江省水文水资源中心"文明处室"评选工作方案》。浙江省印发《关于加快打造"水文红色哨站"的通知》，全域创建100个"水文红色哨站"。湖北省开展"社区吹哨、党员报到"活动，《坚持党建引领 打造文明品牌》入选第二届水利系统基层单位文明创建案例（图2-9）。贵州省党委制定《省水文水资源局深化"让党中央放心、让人民群众满意的模范机关"创建工作方案》。陕西省将党员个人"学习强国"积分纳入党员积分管理，强化党建工作的针对性和有效性。甘肃省制定了《甘肃省水文站创建省级文明单位工作实施方案》和《甘肃省水文站创建文明单位测评细则及工作任务分解表》。青海省通过理论学习、读书活动、宣讲教育、志愿者服务等形式持续推动精神文明建设。

图2-9 湖北"社区吹哨、党员报到"活动

3. 水文文化建设成绩突出

2022年，水利部水文司加大水文文化建设力度，联系中国水利报社组织水文一线过新年系列活动宣传报道工作，做好典型人物宣传报道。黄委在央视《焦点访谈》播出《为了黄河岁岁安澜》专题节目，通过讲述以龙门水文人为代表的黄河水文职工平凡且无私支撑黄河流域生态保护和高质量发展的事迹，讴歌

当代水文人的奉献精神；在水利部官微推出《"有人没！有有有"黄河边两嗓子救下一条命！央视新闻为这位水文人点赞》，宣传黄河小浪底水文站职工王帅强工作期间勇救落水女子的先进事迹。水利部官微推出卢沟桥水文站宣传短片《110年，它记录北京母亲河的每一个细节》，加大对水文站保护和文化传承的宣传力度。

各地水文单位创新文化建设方式，形式各异，成果丰硕。松辽委充分利用松辽水利网、《松辽论坛》、"松辽水文"微信公众号等加强宣传力度，大力营造宣传舆论氛围，引导干部职工传承弘扬历史治水名人的治水理念和治水精神。北京市通过选树"两优一先""北京大工匠""应急先锋、北京榜样"等先进典型，搭建行业职工学习交流技能平台。海南省短视频作品《用忠诚铸就的生命线》荣获省直机关工委颁发的"新时代全国机关基层党建新成就"短视频作品优秀奖。重庆市实施并完成《水文志》（1891—2014）编审校核工作。

第三部分

规划与建设篇

2022 年，全国水文系统按照水文现代化发展目标，积极组织推进"十四五"规划项目前期工作，做好项目储备。抓好年度投资计划执行，加强项目建设管理，深入开展水文基础设施提档升级，加快推进水文现代化建设。

一、规划和前期工作

水利部水文司组织召开水文规划建设工作座谈会，总结全国水文基础设施建设情况，督促和指导中央直属和地方水文单位针对列入《全国水文基础设施建设"十四五"规划》（简称《水文"十四五"规划》）的重点项目，抓紧开展前期工作，做好项目储备。积极推动直属水文项目前期工作，协调推动长江委上游测区富顺、白鹤滩 2 处国家基本水文站提档升级等 97 个项目可研、初设报告审批。加大力度督促指导地方水文项目前期工作，完善工作机制，指导地方水文单位积极推进重点项目前期工作，及时跟踪前期工作进展。

各地水文部门按照统一部署和要求，结合工作实际，加快推进列入《水文"十四五"规划》的国家基本水文测站提档升级建设、大江大河水文监测系统建设、水资源监测能力建设、水文实验站建设等项目前期工作。天津、河北、山西、内蒙古、辽宁、吉林、黑龙江、安徽、江西、山东、海南、重庆、贵州、云南、陕西、青海、新疆等省（自治区、直辖市）及新疆生产建设兵团的项目都通过了地方发展改革部门或水利部门的审批，充实了项目储备，为争取投资创造了有利条件。

各地水文部门积极争取其他渠道投资并组织开展项目前期工作，储备了一批地方水文建设项目。江苏省编制完成《江苏省水文站网规划（2022—2030）》，编制完成的《江苏省市际河道断面水文监测项目初步设计报告》获省发展改革委批复，顺利开工建设。浙江省编制《浙江省水文感知站点建设指南（1.0 版）》，提出了一批针对性的建议方案，供浙江全省各地在建设过程中参考使用。河南省完成《河南省特大暴雨灾后水利基础设施水毁工程恢复重建项目水文基础设施水毁恢复重建项目实施方案》等 2 个项目编制工作，通过河南省水利厅审批。"851"广东水利高质量发展蓝图将水文现代化工程确定为 8 大工程之一，广东省以此为契机，谋划推进水文高质量发展，抓紧抓实《关于推进水文高质量发展的意见》编制工作，以高质量水文服务支撑保障水利高质量发展。

二、投资计划管理

2022 年，国家发展改革委和水利部下达全国水文基础设施建设中央预算内投资计划 16 亿元，其中中央投资 12 亿元、地方投资 4 亿元，中央投资与 2021 年持平。其中包括国家基本水文测站提档升级建设、大江大河水文监测系统建设、水资源监测能力建设、跨界河流水文站网建设、水文实验站建设、墒情监测建设等项目，安排实施 7 个流域管理机构和 18 个省（自治区）2984 处水文测站、50 处水文监测中心提档升级建设。

地方水文基础设施建设投入不断加大，2022 年落实地方项目投资约 9 亿元。北京市 2022 年落实地方投资资金 4966 万元。辽宁省水文项目地方投资 5814 万元，其中水安全保障工程专项投资 1697 万元，全省 6 市 20 处水文站 12 个项目实施，落实"工程带水文"资金 4117 万元。浙江省 2022 年落实地方投资 1.9 亿元，继续推进全省水文测报能力提升工程建设，全年合计完成新改建各类水文测站 2381 个，其中水文站 59 个、水位站 2201 个、雨量站 92 个。安徽省利用省级财政安排专项经费 6013 万元开展雷达测雨、雨水情监测升级改造、水工程联合报调度、淠河"四预"系统等项目建设，大幅提升安徽水旱灾害监测预报预警能力。山东省 2022 年落实水文地方投资 1.3755 亿元，其中山东省水文设施建设工程 1.3187 亿元，烟台市老岚水库水文设施工程 88 万元，小清河复航水文设施工程 480 万元。河南省 2022 年落实地方投资 1.5355 亿元，涉及水文设施水毁修复建设项目及水文应急监测能力建设项目 2 项。广东省落实地方投资 4233 万元，包括广东省第三次水资源调查评价、广东省水资源监控能力建设、广州市城市水文监测与内涝风险预警预报等多个项目。重庆市 2022 年到位地方投资 3700 万元，其中下达到位市级水文站自动化升级改造项目地方资金 1200 万元，争取到位区县水文现代化"十四五"建设项目市级补助资金 2500 万元，涉及 11 个区县的 31 处水文站和 13 处水位站。四川省水文基础设施建设 2022 年共落实建设资金 6655 万元。

三、项目建设管理

1. 规范项目管理制度建设

全国水文系统依据国家基本建设有关制度规定和技术规程，强化项目组织管理，规范完善项目管理、财务管理、合同管理、质量管理、验收管理等规章制度，确保项目实施全过程的规范化、制度化和程序化。水利部印发《水文设施工程验收管理办法》，加快项目验收，加强验收管理。

黄委根据近年来在水文基础设施项目建设方面颁布的新规定和新要求，结合当前黄委水文基础设施项目建设管理工作实际，编制印发《水文局水文设施工程实施管理办法》。四川省编制了《四川水文 2022—2023 年基础能力提升建设方案》《四川水文标准化建设指导意见（试行）》《水位雨量站典型设计方案》等技术文件，明确建设方案、技术路线、建设目标，确保项目有力有序推进。宁夏回族自治区印发了《2022 年水利工程建设政府采购等重点领域突出问题专项治理工作方案》，制定了《水文设施项目建设管理办法（试行）》《政府采购工作制度（试行）》《招标投标工作制度（试行）》《合同管理办法（试行）》等制度，坚持用制度规范行为，用行为强化执行。

2. 加强项目建设监督指导

水利部水文司加强项目建设监督和指导，印发《关于加快推进 2022 年水文基础设施建设中央投资计划执行的通知》，通过电话督导、视频连线周调度、加强流域督导、印发督办函、编制印发周报等多种方式，跟踪督导并加快推进投资计划执行进度。召开视频调度会议 6 次，编制水文投资计划执行周报 9 期，分单位按项目建立计划执行台账，每周对 9 个直属单位、18 个省（自治区、直辖市）及新疆生产建设兵团计划执行情况进行督导。组织流域管理机构对水文基础设施建设进度滞后的省（自治区、直辖市）开展督导检查，加强督导管理。

各地水文部门克服资金到位晚、新冠疫情时间长、汛情范围广、有效工期短等众多不利因素，及时调整工作思路，坚持抓好项目法人责任制、招标投标制、建设监理制和合同管理制等四项工程管理制度的落实，采取多种措施，保障项目顺利建设实施。黄委在新冠疫情期间，通过视频监控巡查、制定在线视频检查方案等，开展远程实时管控，及时发现和纠正现场施工安全与质量问题，确保监管不断档不缺位，累计开展督察检查 113 站次，下发质量监督整改意见 15 份，形成整改意见 172 条，并逐项跟踪落实；累计开展在建工程安全检查 26 站次，形成整改意见 33 条，并全部限期整改到位。浙江省坚持高标准、高要求，严格把控项目进度和质量，将建设任务逐县分解落实到每月，省、市、县三位一体共同推进项目整体实施进度，利用数字化平台，实时动态掌握全省建设进度；强化服务保障，全年累计派遣 211 人次技术专家深入水文建设一线现场开展服务指导；严把建设质量，及时开展项目后评估，对已建成运行的测站，通过现场检查、座谈交流等方式客观评价工作成效，总结经验和不足，为后续推动站网建设和管理明确方向和重点。四川省采取分片督导、现场会、周报告、旬通报、月调度等举措推进项目建设，设立项目推进"红黑榜"，强化重点领域廉政风险防控，制定水文工程领域廉政纪律"八严禁"，签订共建廉洁责任四方协议书30余份，开展廉政谈话进工地150余次，开展纪检监督检查340余次，建立监督台账340余份，全力确保项目安全、资金安全和干部安全。

3. 做好项目验收管理

根据《水利部关于进一步加快水利工程竣工验收工作的通知》，水利部水文司梳理统计"十四五"规划项目竣工验收情况，督促建成的水文项目抓紧组织竣工验收，保证投资切实发挥效益。

各地按照水利部《水文设施工程验收管理办法》和《水文设施工程验收规程》，结合年度建设任务和项目实施进度，认真制定项目验收工作计划，及时做好项目竣工验收准备，加快开展项目验收工作。黄委将竣工验收任务纳入目标考核，印发竣工验收计划，建立验收工作台账，以实时掌握工作进展；分析研判新冠疫情防控形势，及时调整工作计划，充分利用防疫间隙，打破常规，适时组织竣工验收现场核查小组，分批次开展待验收项目现场核查，2022年累计完成竣工验收子项目15个，查阅竣工验收资料1500余卷。海委完成了引滦局2010—2011年水文水资源工程、海委大江大河水文监测系统建设工程（一期）漳河上游局专用水文站建设项目和海委漳河上游水文巡测基地设备购置等3个项目的竣工验收。太湖局制定印发《水文设施工程验收实施细则（试行）》，依据新办法完成了太浦河口、金泽2处水文测站改建项目竣工验收。江苏省完成省水土保持监测与管理信息系统工程竣工验收。江西省完成各类项目合同工程完工验收15个。广西壮族自治区完成合同工程完工验收41个（项）、工程完工验收16个（项），工程档案验收4个（项）。西藏自治区完成西藏自治区水文监测及水资源监控系统建设工程、西藏自治区跨界河流水文站网第三期建设工程、西藏自治区大江大河水文监测系统二期建设工程等3个项目的收尾工作，并完成竣工验收。陕西省完成2012—2013年陕西省中小河流水文监测系统水文站、巡测基地、预警预报系统等3个建设项目的竣工验收。

4. 运行维护费落实情况

2022 年，水利部水文司组织落实中央直属单位水文测报经费 1.95 亿元、水文水资源监测项目经费 1.56 亿元。各地水文部门积极落实水文运行维护经费，做好水文监测信息采集、传输、整理和水文测验设施维修检定等工作，保障水文基础设施运行管理。北京市全年落实水文运行维护工作业务经费 2983 万元。辽宁省全年落实水文运行维护工作业务经费 7928.8 万元。浙江省 2022 年度用于水文运行维护工作的业务经费为 7392 万元。山东省落实水文设施运行维护经费 8500 万元，其中由山东省水利厅实施的政府购买服务经费为 6076.89 万元；由山东省水文部门实施的基本站运行维护、设施设备维修经费为 2423.11 万元。广东省由省级财政安排的部门预算运转性项目资金为 11037 万元，其他资金安排为 3850 万元。重庆市落实水文运行维护经费 5800 万元。

第四部分

水文站网管理篇

2022 年，全国水文系统锚定推动新阶段水利高质量发展目标，持续完善水文站网布局，进一步规范加强水文站网管理，提升站网管理数字化信息化水平，为水文现代化发展夯实基础。

一、水文站网发展

截至 2022 年年底，按独立水文测站统计，全国水文部门共有各类水文测站 121731 处，包括国家基本水文站 3312 处（含非水文部门管理的国家基本水文站 69 处）、专用水文站 4751 处、水位站 18761 处、雨量站 53413 处、蒸发站 9 处、地下水站 26586 处、水质站 9737 处、墒情站 5102 处、实验站 60 处。其中，向县级以上水行政主管部门报送水文信息的各类水文测站 77837 处，可发布预报站 2630 处，可发布预警站 2233 处。我国基本建成种类齐全、功能较为完善的水文站网体系，实现了对大江大河及其主要支流、有防洪任务的中小河流水文监测全覆盖，水文站网总体密度达到中等发达国家水平。

2022 年，国家水文站网稳步发展。国家基本水文站 3312 处，较上一年增加 19 处。专用水文站 4751 处，较上一年增加 153 处。水位站 18761 处，较上一年增加 1276 处。其中，基本水位站 1114 处、专用水位站 17647 处。新增来源主要为浙江省新建一批专用水位站。雨量站 53413 处，较上一年增加 174 处。其中，基本雨量站 14823 处、专用雨量站 38590 处。

地下水站 26586 处，其中，浅层地下水站 22031 处，深层地下水站 4555 处；人工监测站 9058 处，较上一年减少 302 处，自动监测站 17528 处，较上一年增加 189 处，自动化监测水平逐步提升。水质站 9737 处，较上一年增加 116 处。其中，人工监测站 9252 处，自动监测站 485 处。按观测项目类别统计，开展地表水、地下水水质监测的测站（断面）分别为 11082 处、11389 处。开展水生态监测的测站（断面）872 处，较上一年增加 49 处。全国现有水质监测（分）中心 331 个。

2022 年，全国水文系统按照水文现代化发展目标，加快推进水文基础设施建设，加强水文设施现代化提档升级，强化新技术及设备研发与推广应用，开展水利测雨雷达应用试点和流量、泥沙在线监测设备研发等工作，全力提升水文现代化水平。目前，雨量、水位、墒情基本实现自动监测，36.1% 的水文站实现流量自动监测，65.9% 的地下水站实现自动监测，其中国家地下水监测工程建设的站点 100% 实现自动监测。

二、站网管理工作

1. 完善站网布局

各地水文部门围绕推动新阶段水利高质量发展，加快推进水文现代化建设，补充完善水文站网。

北京市实施水文监测感知补短板项目，实现 3 个"全覆盖"、3 个"大幅提升"：全市大、中、小（Ⅰ）型共 37 座水库出入库监测实现全覆盖；全市 108 条流域面积在 50km² 以上河流水文监测全覆盖；密云水库上游主要入库支流水文监测全覆盖；全市 236 条流域面积在 20km² 以上河流布设水文站点的达到 158 条，水文监测覆盖率达到 67%，比建设前提升 34.8%；实现流量在线监测的站点达到 223 个，在全市 325 个各类水文监测设施中占比 69%，比建设前提升 40%；省界和区界水文监测站点数量大幅提升，剩余 5 处水文监测站点已列入"十四五"规划，建设完成后可实现跨界水文监测全覆盖。

河北省《全国水文基础设施建设规划（2013—2020 年）》中大江大河二期

工程建设基本完成，进入验收试运行阶段，将充实和完善监测区内基础设施建设，有效提高站网密度，扩大水文信息采集范围，提高江河湖库水文监测控制率和预警预报覆盖范围，进一步提升水文信息的传输和处理水平、区域洪水预警预报能力和水资源监测能力。

福建省利用水利工程带水文项目优化水文站网布局，规划新建水文各类站点95个，目前已开工建设75个，验收9个。在平潭岛建设潮位站1个、雨量站7个，计划2023年投资426万元，建设潮水位站3个、雨量站3个、蒸发站1个，逐步构建平潭现代化水文监测体系，填补平潭水文监测和海岛水资源研究空白。

广东省在清远市潖江蓄滞洪区新建配套4个专用水位站，推动广州市新建48个专用水文（位）站，及时对水文站网布局进行调整和加密。

青海省在长江干流、澜沧江干流分别设囊极巴陇、杂多两处专用水文站，2022年8月1日正式观测，三江源区水文监测站网得到补充完善。2处水文站按照"无人值守、自动测报"的模式，通过配备雷达水位计、雷达波测流系统、自动降水蒸发等先进设备，实现了水位、流量、降水、蒸发等水文要素的自动监测、远程控制、无线传输和实时分析。

2. 加强测站管理

各地积极推进水文测站标准化管理。海委开展海委直属管理局水文管理单位和国家基本水文测站管理情况检查，深入推进水文测站精细化管理，确保水文测报各项工作持续推进、不断取得实效。

北京市组织召开全市水文站标准化建设启动会，对标准化建设工作进行细致的培训，每月收集各单位水文站标准化工作进度报表200余份，并深入各区、局属水管单位开展调研和指导工作50站次，有效推动了各区标准化建设工作进程。同时，49个水文站同步开展标准化建设工作，对水尺、水准点、断面桩、保护标识进行新建或改造。

吉林省为推进水文测站管理规范化，修订并印发《吉林省国家基本水文站标准化管理办法（试行）》，编印《吉林省国家基本水文站标准化管理评价办法》《吉林省国家基本水文站标准化管理工作实施方案》。

江苏省为强化测站管理，及早下达 2022 年全省地表水、地下水站网计划及水文巡测计划，确保全省各类水文测站及时高效完成常规监测任务；开展非水文部门水文测站情况调研，为加强水文行业监管提供支撑；编制完成全省水文测站精细化管理评价办法（试行）；完成 40 个监测中心工作手册、532 个测站操作手册审查及批复。

湖北省通过多年的测站规范化建设以及大规模的专项检查督办，不断提高各市州局加强测站管理的责任意识。全省水文测站广泛开展以"干净、整洁、有序、美观"为主要目标的美丽测站建设和文明创建活动，涌现出了黄石韦源口、黄冈西河驿、随州万店等一批规范化管理测站典型。相继出台《湖北省水文测站运行维护管理暂行办法》《湖北省自动测报站运行维护技术标准》，明确规定了站务管理、站容站貌、测报设施设备、巡检看护、监督检查等管理内容。

3. 推进水文站网管理系统建设

2022 年，长江委开展了长江智慧水文监测系统（WISH）在全局的全面并行应用工作，并持续推进 WISH 系统升级完善及与在线整编系统的深度融合（图 4-1），实现与在线整编系统的融合，包括权限统一、测验数据对接，打通测验整编数据链路。研发完善了水文资料在线汇编系统，推进水文年鉴汇编方式的改革。4 月，召开水文年鉴在线汇编系统启动会，标志着长江委水文局开发的全国首个水文在线汇编系统将正式应用于长江流域及西南诸河水文年鉴汇编工作。6 月，采用在线汇编系统完成长江委水文局负责的 6 卷 1 册、2 册、3 册、14 册、15 册水文年鉴汇编工作。四川、湖南、江西、贵州等位于长江流域省份的水文年鉴汇编单位采用在线汇编系统进行年鉴汇编审查，成果通过流域年鉴汇编验收审查。

图4-1　长江水文 WISH 系统界面

北京市开发完成水文站标准化管理模块,自主研发在线整编模块进展顺利。以水文水资源集成平台为核心,构建了"1+5"水文业务架构体系,即:1个水文水资源集成平台;水文自动化系统、地下水信息管理系统、水质监测信息共享平台、水情综合业务处理系统和洪水预报系统5个专业模块。

浙江省运用数字化手段,全口径管理水文测站信息,加强全省测站基础数据的管理。随着水文感知站点的拓展覆盖,水文测站数量快速增长,对水利工程、水文、电站等不同业务条线的测站进行归集管理,统一赋码、监测信息统一接入水文数据仓,确保基础数据的准确性。开展"数字测站"应用场景的设计,围绕测站运行状态、测站事项管理等主题开展功能模块开发,充分应用数字化平台开展全省站网的科学化管理。

福建省水文资料在线整编作业系统(一期)正式上线测试运行,实现水文资料在线整汇编与合理性分析审查,并与长江委南方片整编系统2.0、5.0全自动对接,构建监测、整编、入库、存档一体化平台。目前已启动在线整编作业系统(二期)建设,弥补福建省水文资料"日清月结"、即时整编、数据共享和展示与应用等方面的短板。同时,积极响应水利部数字孪生流域建设有关要求,在全省组织开展51个水文(位)站重点河段河道地形及数字倾斜摄影测量,并将51个站点的重点河段河道地形等数据成果处理入"水文一张图系统",

逐步打好数据底板基础。

云南省推进云南水文站网管理系统实际应用，拓展完善水文资料在线整编系统功能，研发水文测站在线视频平台，完成全省 10 个分局的水文远程视频平台整合，实现水文视频的全流程贯通和一站式的汇集管理模式，解决平台混乱、标准不一、分散管理的问题。研发水文资料数据库系统，在单机无网状态下完成对"云南水文数据库"数据导入、数据导出、数据库对接、水文计算、成果查询等系统操作，解决从建站至今"云南水文数据库"建库导库及计算查询问题，做到"云南水文数据库"成果数据"同数一源"，已完成 3 个分局的历史数据入库工作。

宁夏回族自治区优化完善水文综合业务系统，建设地下水监测井运维管理模块和数字监管模块，构建水文数据传输、计算分析、质量控制、设备管理、数据共享全流程信息化业务系统。持续完善测验整编系统，针对水位流量关系曲线网络定线、水文资料 OA 审查等功能进行优化，加快构建水文水资源自动在线监测质量控制平台。

第五部分

水文监测管理篇

2022年，我国天气气候复杂，极端天气频发，洪涝干旱灾害并重，珠江流域发生2次流域性较大洪水，北江发生超百年一遇特大洪水，辽河流域发生严重暴雨洪涝，塔里木河超警早历时长，长江流域发生1961年有完整记录以来最严重的气象水文干旱，四川、青海、甘肃、黑龙江等地中小河流洪水频发。

面对严峻复杂的汛情旱情，水利部水文司深入贯彻党中央国务院领导指示批示精神，认真落实水利部党组工作部署和李国英部长"四预"工作要求，坚持"预"字当先、"实"字托底，抓实抓细"四个链条"，构筑雨水情监测预报"三道防线"，切实做好防汛抗旱水文测报工作。

一、水文测报工作

1. 做细做实汛前准备

水利部副部长刘伟平在2022年全国水文工作视频会议上就水旱灾害防御水文测报工作进行专门部署，要求各级水文部门牢固树立底线思维，各地要把保障人民群众生命财产安全放在第一位，立足于防大汛、抗大旱、防强台，增强忧患意识、风险意识和底线思维，全力以赴做好水文测报工作。

1月18日，印发通知对做好黄河流域防凌水文测报工作进行部署。2月25日，印发《水利部办公厅关于切实做好2022年水文测报汛前准备工作的通知》，对水文测报汛前准备工作进行全面部署。3月1日，印发通知对做好黄河防凌关键期水文测报工作进行再部署再落实。3月21日，水利部召开水文工作会议，落实水利部党组关于推动新阶段水利高质量发展和2022年全国水利工作会议的部署要求，总结 2021 年水文工作，分析面临的形势任务，安排部署 2022 年重点工作。水利部副部长刘伟平在会上强调要求做好水文测报等工作。4 月 27 日，印发通知，部署统筹做好汛期新冠疫情防控和防汛水文测报工作。5 月底至 6 月初，与 6 个流域管理机构（7 个流域管理机构中除太湖局）和广东、广西等 18 个省（自治区、直辖市）水文单位进行了视频连线，调研汛前准备工作落实情况，查看超标洪水应急测报预案等成果资料，问询相关问题，并抽查部分重要水文站水毁修复和备汛情况。

完善预案修编，全国水文机构共修编水文测站超标洪水预案 3258 套，逐站确定不同量级超标洪水的测报任务和方法手段，夯实洪水测报工作基础；查勘水文预报断面 2549 个，修编洪水预报方案 2120 套，新制定洪水预报方案 1172 套，切实提升预报精度与覆盖范围。加大人员培训演练，从应对流域性和区域性大洪水的实战角度出发，开展历史大洪水预报预演 409 场次，开展水文测报应急演练 1456 场，参与人员 13462 人次；举办各类水文测报业务培训 1095 期，培训人员 16299 人次，提高了测报人员的实战能力和业务水平。加强监督检查落实。在基层测站全面自查、地市级水文单位对国家基本水文站检查全覆盖的基础上，流域和省级水文单位共派出 220 个检查组，现场抽查各类测站 1972 处，建立问题整改台账，跟踪督促整改。在预演预案方面，完善骨干控制性水库"正向"预演方案，构建流域调度区域水库群"反向"预演方案，开展了西江、北江、长江等流域水库群预报调度推演，为西江、北江大洪水防御和水工程精细调度预案制定提供了有力支撑。

黄委水文局开展多个重要水库、800 余处河道淤积断面汛前统一性测验，组织修订《黄委水文局汛前准备指导意见》《黄委水文局汛前准备检查办法》《黄委水文局汛前准备检查评分标准》，编制国家重要水文站 2022 年测洪及报汛方案、水雨情应急测报方案、黄河洪水预报预案，保障汛期水文测报工作正常开展。珠江委水文局提前谋划部署，落实妨碍河道行洪突出问题重点排查整治工作，对北江、贺江干流开展拉网式排查，排查河段总长 208km，向地方水利部门下发问题共计 149 个；专门制定了《安全生产检查工作方案》，采取自查和抽查相结合的形式，成立 6 个检查组对所辖 58 处水文（位）站开展全覆盖检查，围绕站点运行、仪器设备管理等重点环节开展自查自纠，全面排查治理各类安全风险隐患，将检查发现问题形成隐患整改台账，落实整改责任、整改期限和整改措施，检查发现隐患共 74 处，全部已完成整改或"五落实"。

2. 精心组织水文测报

2022 年，我国主要江河发生 10 次编号洪水、626 条河流发生超警以上洪水、27 条河流发生超历史实测记录洪水；珠江、长江流域相继发生历史罕见水文干旱气象，长江口遭遇严重咸潮入侵。面对严峻的汛情旱情咸情，全国水文系统坚持"预"字当先、"实"字托底，精心监测、精准预报，为水旱灾害防御夺取全面胜利提供了有力支撑。

黄委、珠江委、松辽委等流域管理机构和广东、广西、辽宁、新疆等省（自治区）超前部署、迅速响应，干部职工坚守防汛一线，加密监测，抢测洪峰，动态掌握天气、水情、冰情、河情，有力支撑防御黄河凌情、防御北江 1915 年以来最大洪水、珠江流域性较大洪水、辽河流域严重暴雨洪涝等灾害。

7 月 6 日，水利部水文司组织召开水文测报工作视频会议，对做好防汛关键期水文监测和防汛"四预"工作进行再部署再落实。密切跟踪雨水情变化，根据水利部信息中心发布的强降雨过程预报，及时以电话或发函等形式，对珠江流域和广东、广西、四川、青海、辽宁等省（自治区）水文部门雨水情监测和预报预警工作进行指导督促。8 月以后，针对长江流域持续的旱情，对长江、太湖流域及上海、江苏等省（直辖市）抗旱保供水水文测报工作进行跟踪指导，组织加密水量水质同步监测，开展咸潮入侵应急监测调查，强化滚动预报预演，为抗旱保供水提供了有力支撑。同时，结合水文监测监督检查工作，共派出 20 个检查组（69 人次），采取"四不两直"方式现场检查了 18 个省（自治区、直辖市）的 36 个地市级水文分局（中心）、144 处水文测站，并印发整改通知，建立问题台账，进一步督促做好防汛抗旱水文测报工作。

面对珠江、辽河、塔里木河等流域洪水以及四川、青海、甘肃等地中小河流暴雨洪水，全国水文系统始终绷紧"防"的意识，坚持底线思维、极限思维，强化"四预"，在预报方面，发布强降雨过程 44 次，制作短中长期降雨预报 267 期 3764 张，较去年增加近 20%；组织发布 1947 条河流 3729 个断面实时作业预报 37.4 万站次，较去年增加 50%；在预警方面，动态调整雨量预警阈值，发布"一省一单"暴雨预警 79 期，发布雷达短临暴雨预警 548 期，成功预警地市 2700 次，比去年增长 1 倍；首次实现水库预警信息直达"三个责任人"，覆盖病险水库 13323 座。

7 月后，针对长江中下游严重的旱情，水文部门加强墒情和低水流量监测，强化水量水质同步监测，积极为抗旱保供水服务。长江委水文局加大三峡水库以下水文站监测频次，特别是加强下游南京、徐六泾站流量自动监测和报汛，及时掌握三峡水库调水演进整体过程，并于 8 月下旬起提前对徐六泾、崇明洲头等 9 处站点开展盐度监测，实现长江口 8 处站点潮位、盐度在线监测，实时掌握咸潮上溯情况。太湖局和上海、江苏、安徽等省（直辖市）水文部门加强长江下游主要引调水工程水文监测，每日汇总上报主要引调水工程引水情况，同时加密望虞河引调水沿线、新孟河引调水沿线、陈行水库抗咸潮保供水应急补水线路三条输水干线水量水质同步监测频次，开展贡湖水源地等 43 处断面藻类、水质等应急监测和贡湖水质原型监测等专项调查，有效支撑流域水工程联合调度，切实保障内河水源供水。通过三峡水库调度补水，协同大通以下主要引调水工程流量控制，为长江口水库水源地创造了取水窗口。上海陈行水库、东风西沙水库取水口 10 月 18 日后出现取水窗口期，青草沙水库取水口 10 月 19 日、20 日、26 日出现取水窗口期，三座水库根据水文监测预报信息，抢住窗口期及时蓄水，有效保障了长江口水库水源地供水安全，缓解了供水紧张局面。

10 月 2 日，三峡水库加大出库流量向下游供水后，长江中下游干流水位先后起涨，螺山、汉口、湖口、大通、长江口开始影响时间分别为 1.5 天、3 天、4 天、5.5 天、9.5 天，最大涨率到达时间分别为 2 天、3.5 天、6.5 天、8 天、13 天。压咸补淡期间，沙市、城陵矶、汉口、湖口水文站水位最高涨至 33.00m（11 日 5 时）、21.73m（11 日 21 时）、15.04m（12 日 20 时）、8.14m（14 日 21 时），相较补水前最低水位分别抬升 3.39m、2.38m、2.45m、1.56m，大通站日均流量最大涨至 13700m³/s（15 日），保障了补水关键期大通站流量的稳定，同时改善了沿江城乡取水和农业灌溉条件。与此同时，洞庭湖、鄱阳湖受三峡补水长江顶托影响，水位也回升了 1.5 ~ 2.5m，湖区生态环境明显改善，社会效益十分显著。

3. 强化安全生产管理

3 月 21 日，全国水文工作会议向各地提出加强安全生产管理。按照"三管三必须"的要求，严格落实安全生产责任制，突出工作重点，紧盯薄弱环节，加强水上作业、外业测量、道路交通、危化品管理、在建工程现场管理等安全监管，深入开展隐患排查和专项整治，坚决杜绝重大安全生产责任事故。水利部水文司印发了《关于做好近期水文安全生产和反恐怖防范工作的通知》（水文便字〔2022〕57 号），以贯彻落实习近平总书记关于安全生产重要指示精神和党中央、国务院决策部署，按照水利部安全生产专题会议部署安排，切实做好水文安全生产和反恐怖防范工作，以实际行动迎接党的二十大胜利召开。

全国水文系统认真履行安全生产主体责任和监管职责，完善水文安全生产监管机制，落实各项水文安全生产工作。各地水文部门通过汛前检查、组织业务培训以及消防安全演练等方式，加大安全生产宣传教育培训力度，加强水文安全生产监查及事故隐患排查整治力度，强化水文职工安全生产红线意识。具体措施包括及时准确做好安全生产台账记录，生产一线必须配置完备安全警示标识和安防救生设备，涉水和上船测流时必须穿救生衣，测验设备必须安装防雷装置，加强测船、缆道、巡测车等易发生危险设施和危化物品的安全防护等。

江苏省推进全系统安全生产。镇江、泰州分局在全国率先开展水文监测单位安全生产标准化一级单位创建，并高分通过，成为全国水文行业首批一级达标单位。局属六家单位完成三级单位创建，系统标准化达标创建实现全覆盖。完成《水文监测单位安全生产标准化建设指导手册》的编制，成为全国水文安全标准化建设的指导书。制定印发《2022年省水文局系统安全生产工作要点》《省水文局领导班子成员2022年安全生产重点工作清单》，及时调整局安全生产领导小组、消防安全办公室成员，确保组织到位、分工明确、任务具体。聚焦危化品、实验室、水文测验、火灾防控、既有建筑等重要领域，持续开展三年专项整治、安全生产大检查、百日攻坚行动、燃气使用专项整治、安全生产月主题活动等，督查局系统危险源辨识、隐患治理和安全信息上报。开展"6·16安全宣传咨询日"活动，组织局系统干部职工积极参加《水安将军》趣味活动等安全生产月活动，荣获水利部"优秀组织奖"。在局系统开展安全生产和新冠疫情防控专题教育，宣贯政策法规、统一思想认识、明晰工作要求，确保安全生产宣传教育在全体干部职工中全覆盖。深入学习水利安全风险六项机制，结合安全生产标准化建设，持续组织局属各单位定期开展危险源梳理与辨识，编写季度辨识报告。组织局系统全面自查排查8次、专项抽查2次，组织"四不两直"专项检查3次，堵塞安全漏洞。全年排查出安全隐患338处，已全部落实整改措施，完成闭环销号整改。围绕水文行业安全生产监管、风险防控和标准化建设，在全国率先试点水文安全生产监督管理平台示范建设，完成需求调查、详细设计与功能模块搭建，即将上线测试。扎实推进水文监测单位的安全生产监督、评价、管理的信息化，实现年初制定的全年安全生产无事故目标。

二、水文应急监测

1. 开展应急监测演练

各地水文部门从应对流域性和区域性大洪水的实战角度出发，编制了水文应急预案，加强了应急监测队伍建设、增加了超标洪水测验手段、设备，通信信号不稳定地区配置了应急通信卫星电话等应急监测设备。因地制宜，从应对流域性和区域性大洪水的实战角度出发，开展历史大洪水预报预演 409 场次，开展水文测报应急演练 1456 场，参与人员 13462 人次；举办各类水文测报业务培训 1095 期，培训人员 16299 人次，提高了测报人员的实战能力和业务水平。为科学有效应对各类暴雨洪水和突发水事件积累实战经验，提升水文应急响应和应急处置能力。

长江委为了全面做好 2022 年水文测报工作，切实提高各勘测局职工在极端天气条件下和特殊水情工况下的应变能力和夜间应急监测能力，安排汛前准备工作。3 月到 8 月，各水文勘测局先后组织夜测、高洪、水情报汛应急、超标洪水水文应急监测、船舶安全、消防救生、安全生产应急等演练。演练从实战出发，针对河流超标洪水、夜间行船困难、水文情报网络故障、船舶安全风险等水文应急监测场景，开展了多手段要素监测及现场应急检测等多科目演练。演练前各单位认真组织演练方案编制、审查、参演协调、演练流程规划、现场技术负责等工作。通过实战演练检验了水文应急监测方案的可靠性与有效性，锻炼了应急监测队伍，提高了水文应急监测处置能力。

黄委在黄河花园口李西河断面右汊河段组织开展了应急监测演练（图 5-1）。

图 5-1　黄委水文局
开展应急监测演练

本次演练以黄河某支流在长历时大流量洪水过程中，持续高水位造成某处生产堤溃堤，形成较大面积漫滩，威胁滩区群众生命财产安全为场景，旨在以实战强化应急监测队员组织、配合与协调能力，提升应对突发水事件的能力和水平。应急监测队员组成了水文监测、水情报汛、地形测绘、后勤保障4个工作组，完成了水位观测、流量测验、地形测绘、水情报汛等多个科目，为防灾减灾提供有效数据支撑。

淮委在淮河干流蚌埠段吴家渡水文站开展了2022年度水文应急监测演练。此次演练设应急监测断面布设、机动测船应急测流、遥控无人船测流、电波流速仪测流、无人机航拍、现场要素信息的采集和传输等多个项目。通过演练和总结分析，提升了水文队伍防汛应急组织协调、快速反应、规范测验、强化安全等方面的实战能力，达到锻炼监测队伍、完善监测体系、提升监测能力的目的。

海委以完善水文应急监测规章制度建设为统领，以实战化、全流程为落脚点，组织制（修）订海委水文应急测报预案、海河流域和海委水文应急联动机制、水文应急监测工作手册；召开年度海委水文应急测报联席视频会议，专题部署水文应急测报工作；持续强化培训、演练和实战拉练，组织3次无人船测流等专项培训，联合在津水文单位开展2次有脚本水文应急监测演练，组织海委直属各管理局水文部门开展无脚本水文应急监测实战拉练，通过设置不同场景，联合多家单位，创新演练形式，检验多项能力，从实际出发，从实战出发，全面检验水文应急监测方案适用性和可操作性，以提高水文应急反应能力和协同联动水平，为迎战汛期可能到来的洪水做准备。

3月30日，珠江委在天河（二）水文站及附近河段，针对大江大河场景组织实施水文应急监测演练。5月19日，在南沙、上横、下横、亭角断面，针对三角洲水网场景开展超标洪水应急监测演练。演练不设剧本、模拟实战，采用非接触式、在线自动监测等先进仪器设备，多断面、空天地一体化同步监测，首次使用水文应急监测指挥展示系统，通过网络传输实时同步监测画面，充分检验了新技术和新设备在水文测验、地形测量、信息传输等方面的应用效果。

为做好松辽流域特大洪水水文应急测报工作的组织和指导，松辽委在分析总结历史大洪水特点和规律的基础上，编制完成《松辽委水文局（信息中心）水文应急监测演练方案》；联合黑龙江省在松花江通河水文站组织开展嫩江、松花江超标洪水水文应急演练。以嫩江、松花江发生超标洪水为模拟场景，在临时断面开展水位、流量、水质等应急监测任务。通过演练，为流域、省区水文部门协同作战提供了典型示范，为进一步提高松花江流域、国境界河水文应急监测能力，强化流域统一治理管理，保障群众汛期生命财产安全打下了坚实的基础。

4月下旬，江苏省印发《江苏省洪水水文测报应急响应办法》；5月20日，采用"分散演练、卫星通信"的方式举办2022年江苏省水文系统应急监测演练，设7组20个科目，江苏省水文水资源勘测局首次组队参加演练；组织江苏省水文水资源勘测局和部分分局参加省应急厅组织的全省防汛抢险应急救援实战演练。

2. 做好水文应急监测

加强值班值守，加密监测频次，加大新技术应用力度，强化应急监测，有效应对突发水事件。流域、省级和市级水文监测力量密切配合，跨区域支援，充分调用一切可用的应急资源，全力完成水文应急测报各项任务。

在绕阳河溃口发生后，辽宁省第一时间出动应急监测队伍，完成溃口宽度、溃口流量的监测任务，为防汛溃口除险提供了有力支撑。大渡河支流湾东河发生堰塞湖时，四川省第一时间派出工作组深入现场，屡探关键水情，实测准确数据，为科学预警转移吹响了"哨令"。

面对长江流域发生1961年有完整记录以来最严重的气象水文干旱，长江委和四川、重庆、湖北、湖南、江西、安徽等省（直辖市）水文部门加强墒情、低枯水流量监测和旱情预测分析，服务"长江流域水库群抗旱保供水联合调度"专项行动，有力保障人民群众饮水安全和秋粮作物灌溉用水需求。长江口咸潮入侵期间，协调长江委水文局开展氯化物浓度应急监测，分析确定咸潮上溯所到达的最上游位置，为陈行水库补水船舶在上游江中取水提供技术支撑；及时启动长江口咸潮入侵应急专项监测，连续一周加密监测长江口流态和氯化物浓度，动态掌握咸潮入侵发生和发展情况，为长江口青草沙等水库水源地利用三峡补水压咸窗口期更多取水提供了强有力的技术支撑。长江委、太湖局等流域管理机构和上海、江苏等省（直辖市）水文部门密切配合，加密水量水质同步监测，实施应急专项监测调查，滚动预报预演，紧盯咸潮动态，指导水源地更多取水，有力保障上海市的供水安全。

面对超百年一遇北江特大洪水，广东省统筹全省技术骨干，跨地区协同支援，共派出 17 支应急监测分队，连续监测大洪水过程，抢测到完整、宝贵的特大洪水过程资料。6 月 11 至 17 日韩江一号洪水期间，珠江委迅速集结 5 名应急监测人员、2 艘水文测船和 10 余台水文监测设备，在韩江高陂水利枢纽上下游 2 个断面，开展持续 6 天的洪水应急监测。6 月 20 至 27 日西江四号、北江二号洪水期间，珠江委水文局迅速集结 30 余名应急监测人员、5 艘水文测船和 30 余台水文监测设备，在大藤峡库区 5 个断面、珠三角的天河和南华以及珠江八大入海口等重点断面，开展持续 8 天的洪水同步应急监测，并安排人员赴北江开展洪水调查。珠江委水文应急监测队多次紧急出动，且安全、及时、有序地开展应急监测，为水文情报预报、防洪调度指挥和防洪规划修编提供"第一手"洪水资料和成果。

加大新技术应用，提升测报信息时效性。围绕水文监测全要素全量程全自动的发展目标，大力推进水文测报新技术研发和应用，抢抓汛期中高水机会，积极开展固定式 ADCP、雷达等在线测流和在线测沙系统比测率定，提升水文监测自动化水平。在应对北江特大洪水过程中，积极采用无人机、无人船等新技术、新设备，解决水面宽、流速急的恶劣条件下的测流难题。

三、水文监测管理

1. 推进行业标准制修订

为统一全国水文基础设施建设及技术装备配置原则与规模，促进其规范化、现代化，使水文生产适应防汛抗旱、水资源管理、水生态文明建设，以及国民经济建设与社会发展的需要，水利部水文司组织人员对《水文基础设施建设及技术装备标准》（SL/T 276）进行修订，该标准于 2022 年 4 月 29 日，由水利部第 8 号公告批准发布。

为进一步规范冰情监测预报工作，提升冰情水文监测能力，强化防凌预报、预警、预演、预案"四预"措施，支撑数字孪生流域建设，保障防凌安全，水利部水文司组织开展了《冰情监测预报技术指南》的编制工作，于 2022 年年底完成征求意见，2023 年 1 月颁布实施。

2. 加强新技术推广应用

水文测报现代化技术装备是推动水文现代化的重要抓手，水利部水文司积极贯彻部党组要求，组织水文科研和生产单位开展了新技术研发与应用工作。各地水文部门加快水文测站和水文监测手段的提档升级，积极开展"一站一策"分析，大力推进"要素采集全自动、监测量程全覆盖、信息传输双备份"现代技术应用工作。测雨雷达、影像测速仪、量子点光谱测沙仪、光电测沙仪等水文现代化仪器和设备得到了推广应用，全国水文系统已装备 1200 多台，在南方流域和省份应用较广泛。近年来，北方流域和省份正逐步加强固定式 ADCP 的比测应用，黄河青铜峡站已正式批复固定式 ADCP 在含沙量低于 $10kg/m^3$ 的情况下投入生产应用。

为了克服恶劣的测量条件影响和节约投资成本，宁夏自主研发索道悬挂，通过"四索定点悬挂设备、副索多向斜拉稳定"的方式，提升了雷达在线测流系统悬挂安装的稳定性,现场调研时,在6级左右大风情况下设备依然稳定可靠。

《水文基础设施建设及技术装备标准》(SL/T 276—2022)规定:采用悬移质泥沙测沙仪的测站,可选用同位素测沙仪、光电测沙仪、超声波测沙仪、振动式测沙仪、激光测沙仪等仪器中的 1 ~ 2 类,有条件的测站也可选用称重式测沙仪。量子点光谱测沙仪在长江宜昌、汉口、九江等 9 站、黄河花园口站开展比测试验,测沙范围拓展至 16kg/m³,作业方式发展到定点、走航及非接触等形式;泥沙、水质、盐度三类自动监测产品已具备投产条件。

长江委水文局通过整合"长新联盟"成员在各自领域里的优势技术和资源,进行新一代水文监测融合产品—全感通的研发。明确了水利六大场景的技术方案,开发了数据融合展示系统,在仙桃、北碚两站开展了全感通的数据融合试验,对视频、点雷达、侧扫雷达、量子点、H-ADCP 等数据进行了统一数据接口标准制定和数据对接。目前产品的软硬件集成开发正稳步推进,技术上已打通实现。

黄委水文局开展水文测报业务应用软件比选,对局属各单位自主研发的 5 个自动报汛软件、4 个水文测验信息综合管理平台进行了会议推介与系统展示。征集并遴选 2022 年度黄河水文先进科技成果,其中自动报汛软件、水文测验信息综合管理平台、水文测验数据处理系统、在线光电测沙仪等 7 项技术列入 2022 年度黄河水文科技成果推广计划,在全局范围内推广应用,在重点领域与重点工作中发挥了积极作用。"智慧水文站系统""河流泥沙激光粒度分析国产先进仪器与技术体系构建""水保工程群影响下的流域产汇流机理与过程模拟"等 3 项科技成果通过了 2022 年黄委科技成果评价(评审),均为国际先进水平。"黄河河龙区间洪水泥沙测报关键技术"入选成熟适用水利科技成果推广清单。"黄河洪水预报系统""影像法流量测验系统""水位流量关系辅助定线系统""悬移质泥沙自动采样器"等 4 项成果入选水利部"水利先进实用技术重点推广指导目录"。

四、水文资料管理

水利部水文司继续贯彻落实《水文监测资料汇交管理办法》（水利部令第51号），安排部署各地开展水文监测资料汇交工作，各地水文部门按照统一标准、统一管理、应汇尽汇、不重不漏的原则，对水文资料的存储方式、存储类型、数据结构等进行汇总梳理，水利部水文司组织长江委研发完善了水文资料在线汇编系统，推进水文年鉴汇编方式的改革，采用在线汇编系统完成长江委负责的 6 卷 1 册、2 册、3 册、14 册、15 册水文年鉴汇编工作。四川、湖南、江西、贵州等长江流域水文年鉴汇编单位采用在线汇编系统进行年鉴汇编审查。成果通过流域年鉴汇编验收审查。

按照资料整编"日清月结"要求，各地水文部门积极应用"水文资料在线整编系统"以及各类数据处理质量控制软件工具，大幅度提高了资料整编工作成效，同时选聘水文资料审查、验收专家基于经验模式开展工作，以保障水文资料成果质量。各地水文部门采用了线上、线下相结合的工作模式，全面完成了 2021 年度水文资料整编、审查、复审及 10 卷 75 册水文年鉴的汇编、验收、刊印工作。

各地水文部门持续强化水文资料管理工作，规定了水文监测资料在采集、整编、汇编、年鉴刊印各工作阶段的管理要求，水文数据库由专人专管，并定期进行年度资料的更新、备份，严格执行相关资料的保密规定，积极做好水文资料信息服务工作。

第六部分

水情气象服务篇

2022 年，我国天气气候复杂，极端事件频发，洪涝干旱并重，珠江流域发生 2 次流域性较大洪水，北江发生超百年一遇特大洪水，辽河流域发生严重暴雨洪涝，塔里木河超警早历时长，长江流域发生 60 年来罕见伏秋连旱，四川、青海、甘肃、黑龙江等省中小河流山洪重发。面对严峻防汛抗旱形势，全国水情部门坚决贯彻习近平总书记治水重要论述和防灾减灾救灾重要指示精神，落实党中央、国务院决策部署，坚持人民至上、生命至上，坚持"预"字当先、"实"字托底，锚定"四不"目标，强化"四预"措施，贯通"四情"防御，绷紧"四个链条"，为夺取水旱灾害防御重大胜利提供了有力支撑。

一、水情气象服务工作

1. 持续强化信息报送管理工作

2022 年，各地积极落实报汛报旱任务，强化水库信息、统计类信息以及预报成果报送，加强报送信息的质量管理，雨水情信息报送能力和信息共享总量进一步提高。各地向水利部报汛站点增至 10.9 万个，较 2021 年增加 1.1 万个，广西、云南、四川、广东、甘肃、江西、黑龙江、湖南等省（自治区）30 个单位报汛报旱站基本实现全面共享；各地累计报送 2046 条河流 3591 个断面实时作业预报 46.2 万站次，较 2021 年增加 50%，长江委、黄委、松辽委、太湖局等流域管理机构和山西、浙江、山东、河南、重庆、云南、陕西、青海等省（直辖市）12 个单位日常化预报成果共享率达 100%。信息共享要素进一步增加，长江委、珠江委、太湖局等流域管理机构和上海、广东等省（直辖市）开展咸情信息报送，安徽省 5573 座大中小型水库信息全部共享，江西、湖南、黑龙江、福建、重庆等省（直辖市）完成水情专用库建设试点。信息共享类型进一步增多，长江委、黄委等流域管理机构和浙江、山东、广东、福建、重庆、宁夏、安徽等省（自治区、直辖市）9 个单位共享在线视频站点 1828 个，长江委、淮委、海委等流域管理机构和江西、安徽等省报送试点区域 L2 级数据底板，多源信息汇聚分析取得积极进展。全国近 7000 处站点报送多年降水量均值，近 2000 处站点报送水位、流量年极值和多年旬、月均值，近 3600 座水库报送水库蓄水量均值等。浙江、安徽、江西、重庆、四川、甘肃等省（直辖市）报送信息的水文测站数量均超过 5000 处。雨水情分析材料日益丰富，各地向水利部报送雨水情分析材料 8438 份，其中旬月年等阶段性材料 459 份；长江委、黄委、珠江委等流域管理机构和浙江、安徽、江西、湖北、湖南、广东、重庆、云南等省（直辖市）11 家单位年度报送材料超 300 份，基本实现汛期每日报、非汛期每周报，材料质量明显提高。

各地单位继续加密水情报送频次，为防汛提供优质服务。松辽委组织编制了《松辽流域 2022 年报汛报旱任务书》及《2022 年松辽委所辖测站报汛任务书》，对水情信息报送内容、报送时效和报送质量等提出明确要求，有效保障了各报汛站的实时水情信息报送任务圆满完成。江苏省全面修订报汛任务书，细化梳理全省各单位报汛站点情况及存在问题，保障报汛质量，完成了与淮委、太湖局、太湖流域气象中心实时网络与数据交换。浙江省加强与气象、自然资源、邻省市、杭州城管和水利厅等有关部门协同联动，实时共享监测和预报成果，特别是暴雨洪水和台风影响等关键期，加强协同、加密会商。安徽省建成了由水文、气象、自然资源、电力、厅直水管单位建设站点以及由市县水利部门负责的山洪、农村基层预警、小型水库等专项建设站点组成的报汛站网，并在干旱期间及时加密旱情期间墒情信息监测报送。福建省为满足省防指决策需求，提高降水、水位数据报送效率，提高精准指挥时效性，改造数据管理软件、升级测站报汛模式，从 2020 年下半年起，实现数据 5min 报送，并将信息同步共享至水利部、太湖及珠江流域、省防办、省水利厅等防汛部门。

2. 预报精细化水平和精准度提升

全国水文系统遵循暴雨洪水形成演进规律，绷紧"降雨—产流—汇流—演进"链条，精准预测预报洪水趋势。据不完全统计，2022 年，全国水文部门共发布 1947 条河流 3729 个断面实时作业预报 37.4 万站次，较去年增加 50%，其中汛期（6—9 月）发布 3030 站作业预报 25.75 万次。水利部信息中心细化定量降雨预报流域单元分区，提升预报精细化水平和精准度，与流域管理机构通力协作，将全国定量降雨预报流域单元分区由去年 78 个细化至今年 280 个，降雨形势展望期由 20 天延长至 30 天，集成应用多家全球模式客观预报与人工预报融合技术，实现短期定量降雨预报由逐 6h 细化至逐 3h；组织梳理主要江河 2521 个洪水预报方案，以断面河系水力联系为基础，充分融合水工程调度信息，建立预报模型参数在线率定业务机制。利用北江第 1 号洪水资料重新率定参数，提前 1 天精准预报北江第 2 号洪水飞来峡水库最大入库流量 20000m³/s，误差仅 0.5%；利用西江第 1 号、第 2 号洪水资料重新率定参数，提前 2 天精准预报西江第 3 号洪水梧州站洪峰水位 22.30m，误差仅 0.01m，为洪水防御精准调度决策提供科学依据。

各级水文部门加强系统内及行业间雨水情中长期联合会商，对汛期、盛夏、"七下八上"、秋季、今冬明春等关键期汛情旱情进行滚动分析研判，成功研判汛期长江中下游少雨干旱、珠江及辽河流域洪水。在珠江、辽河、沂河、沭河、黄河等流域洪水应对中，广东省提前 38h 精准预报北江第 2 号洪水将超百年一遇，预报飞来峡水库最大入库流量 20000m³/s，误差仅 0.5%；辽宁省提前 36h 预报绕阳河将发生超保证流量洪水，为打赢洪水防御攻坚战提供了有力支撑；淮委针对入梅以来流域强降雨，充分运用"四预"措施做好情报预报工作，准确预测流域多次强降水过程，及时编发"沭河 2022 年第 1 号洪水"，提前精准预报沭河重沟站、沂河临沂站洪峰流量，重沟站实测洪峰流量 2240m³/s（预报流量 2200m³/s），临沂站实测洪峰流量 1100m³/s（预报流量 1200m³/s），及时精准的水文气象情报预报服务为流域水旱灾害防御工作提供了坚实的技术支撑；黄委在泾河大洪水期间，预报雨落坪水文站将于 7 月 15 日 18 时出现 4500m³/s 左右的洪峰流量，实况为 15 日 19 时洪峰流量 4290m³/s，洪峰流量预报误差 4.9%，峰现误差仅为 1h。

3. 深入开展水情预警发布

全国水文系统继续加强水情预警发布制度建设，拓展预警发布范围，强化预警信息时效性，水情预警公共服务全面推进。按照李国英部长关于精准预警的要求，水利部信息中心充分考虑前期暴雨洪水和下垫面条件变化，汛期动态调整西北、东北、华北、西南等地 9 省（自治区）暴雨预警阈值，有效提高预警发布的覆盖面和精准性，为水利部门及时启动水旱灾害防御应急响应提供重要依据，同时，配合防御司出台《水利部水旱灾害防御应急响应工作规程》《关于规范水情旱情预警发布及江河洪水编号工作的通知》，规范以流域为单元开展中央、流域、省、地市四级预警发布管理工作，通过短信、蓝信、互联网等方式自动发送预警短信 47568 条，覆盖 13323 座病险水库、17486 个责任人，有效提高预警信息直达一线的精准度和时效性。

2022 年，全国有 7 个流域管理机构、26 个省级水行政主管部门已出台水情预警发布管理办法及预警指标，各地向社会发布洪水预警 2716 次，其中红色预警 71 次、橙色预警 167 次、黄色预警 788 次、蓝色预警 1690 次；发布干旱预警 138 次，其中红色预警 10 次、橙色预警 11 次、黄色预警 80 次、蓝色预警 37 次。四川省在现行标准基础上适当下调预警指标，积极落实提级响应。各地初步定制了 1h、3h、6h 和时段累计雨量预警指标，已有水文（位）站点的河段初步设定面雨量预警阈值，并将在实际工作中不断修订完善。淮委、海委等流域管理机构和天津、山西、辽宁、浙江、安徽、山东、广东、陕西、青海等省（直辖市）结合实际修订完善了预警发布管理办法，进一步规范了洪水预警发布工作，细化了流域预警断面及预警指标等内容，增强了办法的实用性和可操作性，提高洪水灾害风险防控能力。

4."四预"支撑进一步加强

大力推进水文站大断面和重点河段河道地形测量，为数字孪生流域、"四预"能力建设奠定良好的算据基础。水利部信息中心按照"总量—洪峰—过程—调度"链条要求，不断扩充预演正算功能，集中攻克并联反算技术难关，完善15座骨干控制性水库串联、并联、混联"正向"预演方案，构建5个流域调度区域单库和库群并联"反向"预演方案，初步实现水工程调度对下游控制断面的快速影响分析。在应对2022年西江第4号洪水、北江第2号洪水期间，实现多种调度方式对下游控制断面定量预演，快速分析出西江大型水库联合调度可减小梧州站洪峰流量6000m³/s，北江飞来峡水库和潖江蓄滞洪区联合运用可降低石角站和珠江三角洲河网区水位0.4m，为洪水防御预案制定提供有力支撑。同时开展流域防汛"四预"示范，以安徽省新安江屯溪以上流域为示范区，初步搭建流域—河流—断面的全景、多要素数字化场景，基本实现防汛"四预"主要功能。

淮委加速推进数字孪生淮河建设先行先试工作，在数据底板、模型平台和"四预"应用方面取得重点突破。海委利用高精度河道断面测量成果，构建水动力学模型，实现重点河段精细化预报预演，为雄安新区等地的洪水防御提供有力的技术支撑。云南省积极探索数字孪生与水文融合发展新途径，推进南汀河等3个数字孪生流域试点建设取得明显实效。

5.积极开展抗旱工作

水利部信息中心积极推进全国旱情监测预警综合平台建设，开展气象、水文、农业等干旱多因子指标分析，探索水库调水补水预演功能，着力提升抗旱能力。在长江流域严重干旱应对中，应急开发上中游库群蓄水统计、河口地区咸情信息展示、上海水源地蓄水动态监视等会商功能，首次开展三峡水库抗旱水量调度和应急补水径流预演分析，精准预报 10 月长江补水期间下游大通站最大日均流量达 13700㎥/s，编制抗旱专题材料 33 期，会同水文司组织长江委、太湖局等流域管理机构开展长江口咸潮应急分析 26 期，为长江中下游抗旱保灌、上海抗咸潮保供水等专项行动提供技术支撑。

水利部两次开展长江流域水库群抗旱保供水联合调度专项行动，长江委和四川、重庆、湖北、湖南、江西、安徽等省（直辖市）加强墒情、低枯水流量监测和旱情预测分析，服务"长江流域水库群抗旱保供水联合调度"专项行动，保障人民群众饮水安全和秋粮作物灌溉用水需求。长江委、太湖局等流域管理机构和上海、江苏等省（直辖市）密切配合，加密水量水质同步监测，实施应急专项监测调查，滚动预报预演，紧盯咸潮动态，指导水源地更多取水，保障上海市的供水安全。湖北、湖南、江西、安徽、江苏等沿江省份抓住补水有利时机，调度沿江引提调水工程多引、多提、多调，农村供水工程受益人口 1385 万人，353 处大中型灌区灌溉农田 2856 万亩，补水效果显著。长江委启动以三峡为核心的水工程压咸补淡应急调度，协同大通以下主要引调水工程压减取水，有效增加了长江中下游干流沿线水量补充，为长江口水库水源地创造了取水窗口。

二、水情业务管理工作

1. 水情业务工作持续加强

4 月，水利部召开水情工作视频会议，明确强化"全国一盘棋"思想，加强多源信息融合分析，绷紧"四个链条"，提升"四预"能力，围绕水利高质量发展拓宽服务领域，加强科技创新，加强党建引领。水利部印发《水利业务"四预"基本技术要求（试行）》，完成 3 次贯标，加强"四预"业务指导；出台《水利测雨雷达系统建设与应用技术要求（试行）》，在湖南省湘江、河北省雄安新区、陕西省无定河等开展雷达测雨技术试点。长江委修编了《汛旱情报送管理办法》《流量考核管理办法》，加强对报汛报旱工作的管理。黄委重新修订印发《黄河水情信息报送考评管理办法（试行）》，进一步加强水情信息报送管理，完善报汛考核机制，提高水情信息服务质量。淮委完成了《淮河流域防汛抗旱水情手册》修编、《淮河流域水情预警发布管理办法》修订、淮河流域重点站点旱警水位（流量）确定，参与了《淮委水旱灾害防御应急预案》修订等。太湖局修订了《太湖水情预警发布规定》《太湖流域管理局水文局（信息中心）水旱灾害防御应急预案》和《太湖流域管理局水文局（信息中心）机关值班工作制度》，为做好水文局水旱灾害防御和值班工作提供制度保障。浙江省修订印发《浙江省水文情报预报管理办法》。江西省制定了《江西省强降雨过程防御工作制度》，建立防汛"三个3天"预报常态化机制，首创抗旱"三个10天"预报机制。四川省制定了《四川省流域水旱灾害联防联控监测预警水文专项工作机制（试行）》，依据联防联控工作要求，编制《四川省水文中心防汛值班管理办法》等，以加强制度建设。云南省印发了《云南省水文水资源局"1262"水文防汛联防专题服务方案》《云南省水文水资源局"12472"水文预报预警服务实施方案》等，明晰汛期短临（期）洪水预报预警工作要求和内容，推动预报预警质效双升。

2. 社会服务及时高效

各地水文部门贯彻落实"预报预警信息要直达水利工作一线和受影响区域的社会公众"要求，加强雷达短临暴雨预警、山洪预警及病险库"一省一单"等预警服务，为防御一线采取应急措施提供支持。水利部信息中心加强雷达短临暴雨预警，动态调整预警阈值，发布"一省一单"暴雨预警79期，发布雷达短临暴雨预警548期，成功预警地市2700次，比去年增长1倍；首次实现水库预警信息直达"三个责任人"，覆盖病险水库13323座；组织向社会公众发布水情预警2854次，较去年增加70%，其中干旱预警138次。无缝衔接全国水利一张图与降雨数值预报成果，编发水库超汛限专报 133 期，有效提升水工程安全运行监控水平。

各地水文部门积极拓宽水情服务领域。长江委继续贯彻社会水文服务理念，水文信息不仅通过电脑网页端系统、手机 APP、微信、短信平台、电子邮件、传真等方式服务于各级防汛部门和对它有需求的行业客户，还通过"长江水情"微信公众号方式，直接面对社会公众，向公众发布长江重要水雨情信息及洪水预警。福建省在全国水情预警发布系统和省水利厅信息网发布预警的基础上，还通过福建省突发事件预警信息发布系统微信公众号、微博、闽政通、知天气 APP 等多手段广覆盖全媒体渠道和社会再传播机制快速传播、属地精准发布山洪灾害风险预警、洪水预警。重庆市在"重庆水文"微信公众号后台新增了水情提示功能，在收到市气象局的重要天气专报后，"重庆水文"微信公众号立即做出水情预测，提醒相关单位和人员注意防范，2022年共发布水情提示 12 次，为做好洪水防御工作争取宝贵的时间。

第七部分

水资源监测与评价篇

2022 年，全国水文系统扎实推动新阶段水利高质量发展，上下一心、真抓实干，建立健全水资源监测体系，不断加强监测和分析评价工作，服务保障能力不断提高，积极拓宽服务领域，为水资源管理配置调度与监督考核、水生态环境保护与修复等提供科学依据。

一、水资源监测与信息服务

1. 生态流量、行政区界、重点区域水资源监测工作情况

2022 年 4 月，水利部办公厅印发《关于进一步加强全国重点河湖生态流量监测预警工作的通知》，加强水利部批复的生态流量保障目标控制断面监测与信息报送工作，明确各单位要按照重点河湖生态流量（水位、水量）保障实施方案、水资源调度计划（调度方案）等要求，组织开展生态流量监测分析和预测，及时向水行政主管部门发送预警信息，推动建立生态流量监测预警机制，为生态流量管控与水资源调度等提供科学依据。针对水利部批复的全国 173 个重点河湖 283 个生态流量保障目标控制断面，组织全国水文部门对具备监测条件的控制断面开展监测和分析评价，按月编制《全国重点河湖生态流量保障目标控制断面监测信息通报》，并将有关内容纳入《水资源监管信息月报》。积极推动《长江流域及以南区域河湖生态流量确定和保障技术规范》国家标准和《水资源量预测预报技术指南》编制工作。持续组织推进水利部信息中心开发全国重点河湖生态流量监测预警系统，系统包含生态流量监测预警、断面来水预报预测、保障方案预演、预警成因分析、管控措施复核等功能，为生态流量事前、

事中、事后全过程监管提供技术支撑。

淮委依托现有淮委水资源管理信息系统进行升级、改造，整合基础数据，实现与省级平台相关数据的互联互通，开发包含监测、预警、统计功能的生态流量模块。珠江委在科普活动中完成"珠江水利科普展——'生态流量保障'"模块的内容设计，向大众展现珠江生态流量取得的成果和成就。太湖局完成松溪浙闽省界生态流量监测站及辅助站点建设及流量初步比测，建成流域内首个山区源头型河流生态流量智慧化管控系统，为小流域生态流量监测预警和智慧化管控提供示范样本。浙江省 2022 年 1 月起对全省 24 个重点河湖生态流量断面开展生态流量（水位）监测和评估，每月发布《浙江省重点河湖主要控制断面生态流量监测信息》月报；开展第一批重点河湖生态流量主要控制断面实地调研，对达标率较低的断面提出技术建议，完成《浙江省河湖生态流量（水量）调研报告》。湖南省针对生态流量不达标站点，及时开展调查复核；旱情期间，指导市州和基层水文站增加测次，提高枯水测验精度，加强枯水水情分析，及时向水利部报告全省雨水情情况和共享生态流量考核断面水位流量数据。广东省依托水资源监控能力建设项目，持续完善生态流量预警功能，实现生态流量预警提醒及达标统计分析；在韩江流域开展新测流设备声层析流量计探索应用，并在潮安断面使用该设备进行低枯水生态流量监测，低水位、低流速比测效果良好。重庆市完成市级郭家、花林、青杠、虎峰、五岔、泰安等水文站每月生态流量监测报送任务，编制重庆市河流生态流量监测预警实施办法。贵州省组织编制《贵州省 33 条省级河流生态流量监控与接入管理 2022 年度工作计划》，对 36 处重点断面和乌江渡、沿河、从江、群力 4 处国家级考核断面进行生态流量监控；印发《关于做好 2022 年贵州省河流生态流量水文站断面监控监测等保障工作的通知》，明确国家级、流域级和省级生态流量监测站点名录，提出生态流量监控断面数据整理、分析、传输要求，保障生态流量站点监测正常运行。陕西省完成省属水文站《生态流量站点统计表》《水量调度站点统计表》

《生态流量、水量调度站点规划情况统计表》，编写《陕西省水资源监测站点建设初步方案》《陕西省 2023 年生态流量监测建设实施方案》，理清陕西省涉及生态流量监测断面建设情况，新建、改建水文站点或监测断面设计采用先进设备，提高低水监测精度，以满足生态流量评价、预警、调度、考核的需求。

为切实做好行政区界水资源监测分析，各地水文部门按照水利部印发的《2022 年省界和重要控制断面水文监测任务书》，组织对 537 个省界断面和 339 个重要控制断面开展监测和分析评价，重点围绕水利部已批复的跨省江河流域水量分配控制断面，组织编制《全国省界和重要控制断面水文水资源监测信息通报》。长江委完成流域内水资源断面监督性监测工作，开展省界断面邻省间资料互审，组织各省水文部门编制完成《2021 年度长江流域省界重要控制断面测站运行情况报告》。黄委印发《2022 年黄河流域及西北诸河重要省界和重要控制断面监督性监测任务书》，对 2022 年省界和重要控制断面监督性监测 15 个站点及其监测任务、检查内容等提出明确要求。松辽委、太湖局等流域管理机构和天津、河北、山西、黑龙江、安徽、江西、湖北、广西、重庆、四川、陕西、新疆等省（自治区、直辖市）继续贯彻执行水利部印发的《省界断面水文监测管理办法（试行）》（水文〔2018〕260 号），加强省界和重要控制断面水位流量监测，每月按时在全国省界水文水资源监测信息系统完成水资源监测信息填报。

为持续推动重点区域水资源监测分析，水利部水文司组织松辽委水文局和内蒙古、辽宁、吉林省（自治区）水文部门按照方案实施西辽河流域"量水而行"水资源监测和分析评价，按月编制《西辽河流域"量水而行"水文水资源监测通报》。

2. 水资源监测服务情况

2022 年，全国水文系统全面开展河湖复苏水文监测与分析评价。一是水文司组织编制《京杭大运河 2022 年全线贯通补水水文监测与评估方案》《华北地区河湖生态环境复苏行动（2022 年夏季）水文监测方案》，明确工作任务和要求，利用现有国家基本水文站、专用站及地下水自动监测站网，增设临时监测断面，为开展水量水质水生态监测和地下水动态监测，以及补水河湖河流长度和水面面积遥感监测等做好基础工作。二是水文司组织各水文部门开展水文监测与分析评价。组织海委、黄委、水利部信息中心及北京、天津、河北、山东等省（直辖市）水文部门通过卫星遥感、无人机和地面水文监测相结合，建立空天地一体化监测体系，及时跟踪监测补水进展，对地表水和地下水的水量、水质、水生态及有水河长、水面面积等进行监测分析，并开展了东平湖水文预报。对华北地区实施生态补水的 48 个河湖补水量、典型河湖水质及河湖周边浅层地下水水位等要素开展了监测分析评价，编制完成水文监测日报 31 期、专报 9 期；对京杭大运河黄河以北河段补水期间地下水水位变化和回补影响范围等进行专题分析评价，编制完成水文监测日报 48 期、专报 5 期；对永定河秋季生态补水进行专题分析。2022 年，华北地区补水河湖水环境质量持续向好，补水河湖周边地下水水位明显回升，河湖水域空间大幅增加，京杭大运河实现百年以来首次全线通水，永定河生态补水成效显著。

服务河湖长制、流域水量分配和流域生态补水工作。2022 年，黄河河口三角洲生态补水期间，黄委提前部署安排监测补水过程。累计向黄河三角洲湿地生态补水 1.734 亿 m^3，向黄河三角洲内 9 处水质监测断面补水前中后各开展了 1 次应急水质监测工作，完成了生态补水水量及水质监测工作。淮委编制了史灌河流域 2022 年水资源调度计划及逐月水资源调度方案，开展淮河流域主要跨省河湖重要断面水量核算工作，为淮河流域水量分配方案、落实最严格水资源管理制度提供技术支撑；每月报送淮河流域重要跨省湖泊南四湖、高邮湖水量监测成果专报，为淮委河湖长制管理提供支撑。河南省按照《河南省水环境生态补偿暂行办法》，制定水环境生态补偿水量监测方案，负责水环境生态补偿水量监测数据质量保证及管理工作，向生态环境部门提供流量周报 53 期，为水环境生态补偿工作提供依据。广东省持续做好河湖长制服务工作，支撑服务最严格水资源管理制度年度考核，负责用水总量、用水效率、水资源量、生态流量保障、超采区地下水位变化等相关指标数据分析，进一步发挥"技术裁判员"作用，为广东省最严格水资源管理考核取得优秀成绩提供技术支撑。北京市根据《2021 年汛后至 2022 年汛前潮白河、北运河生态补水调度工作方案》《永定河综合治理与生态修复 2022 年度全线通水实施方案》，科学制定补水流域的生态补水水文监测方案，实现生态补水期间潮白河、北运河和永定河流域补水河道沿线水量、水质、水生态等水文要素全程监测。江西省依托现有水文监测站网，构建服务于五级河湖长组织体系的水量水质同步监测体系，全省共有湖长制管理重点湖泊、自然保护区和生态敏感区、大型水库的水生态监测站 157 处，建立水质水生态监测数据库，为河湖长制考核提供依据；创新开展重点水域水华风险识别预警，快速响应水污染应急监测，为政府科学应急决策提供依据。山东省充分发挥水文部门站多线长网广、覆盖面大、人员常驻的优势，积极支持河湖长制工作；2022 年，山东省首次开展服务河长制暗访核查工作，组织各水文中心完成暗访巡查人员统计、APP 登录和暗访河流名录制定，编制《山东省水文系统服务河长制暗访核查工作方案》，举办水文部门服务河湖长制暗访核查培训班，安排部署各阶段暗访核查工作，全年共完成 105 条河流暗访工作。

服务取用水调查统计工作。广东省深入推动用水统计直报工作，不断提升用水总量核算的可靠性和精确性，完成广东省已录入用水统计调查系统的 5586 个调查对象全年四个季度的用水统计直报和全省年度用水总量核算工作，组织做好水资源管理系统运行维护管理，对全省 988 户 1768 个取用水点运维管理，实现非农取用水量计量在线监测率超 90%。四川省在国家水资源监控一、二期能力建设项目的基础上，组织编制取用水监测体系建设规划方案、出台监测工程建设的技术指导意见，指导各市州今年新建规模以上取水口在线计量监测点

818 个，实现对全省地表水年取水许可 20 万 m³、地下水年取水许可 5 万 m³ 以上的非农取水户以及 5 万亩以上的灌区取水户在线监测全覆盖，全省累计在线监测点共计 3300 余处，全省 1 万余户（含在线户）实现取水量按月抄表、按季核量，监测数据实时传输至省水文中心组织开发的四川省水资源管理系统。江西省不断深化水资源管理技术服务，编制《江西省 2025 年用水总量和强度双控目标分解划定》，开展现状及趋势分析、双控目标分解划定、成果合理性验算等工作。湖北省全面落实用水统计调查制度，组织开展 1—4 季度用水数据填报、审核工作，获取年度季度取用水基础数据 2.2 万余组，完成年度全省及各市县用水总量核算成果，同时持续做好用水统计调查基本单位名录库管理维护工作，全年新增调查名录 676 个，参与《用水统计调查制度》修订工作，加强用水统计调查监督检查，湖北省试行用水统计调查制度的三年，制度得到有效执行，基础信息逐步完善、用水填报逐渐规范、技术审核专业熟练，用水数据质量有了较大提升。湖南省组织开展湖南省重点取水户取水口断面流量应急监测工作，组织开展用水统计调查等。

3. 泥沙监测分析与评价

2022 年，全国水文部门加强泥沙监测和分析评价，积极开展泥沙问题研究、监测技术应用和泥沙公报编制等工作。水利部水文司组织各流域管理机构和有关省（自治区、直辖市）水文部门按时编制完成《中国河流泥沙公报 2021》，并在水利部网站和微信公众号公开发布，向各级政府和社会公众提供泥沙监测信息服务。长江委完成了金沙江下游梯级水库、三峡水库等 8 份原型观测分析报告；完成 2021 年度三峡后续工作长江中下游影响处理河道观测宜昌至湖口、湖口至徐六泾等 2 份分析报告，开展白鹤滩库区高含沙支流河口水文泥沙专题观测与冲淤分析，为长江流域保护与综合治理规划提供了基础支撑。珠江委继续做好《中国河流泥沙公报》编制，收集流域管理范围内浙江省、福建省相关测站整汇编后的泥沙测验资料，整理分析编制完成第七章东南诸河的内容。广东省 2022 年开展《中国河流泥沙公报》《珠江流域泥沙公报》广东部分的编写，组织邀请珠江委专家和全国泥沙专家审查，并向社会发布了审查通过后的公报。四川省扎实推进省泥沙监测分析工作，通过对四川省部分主要干流、主要支流重要水文控制站年径流量、实测年输沙量对比分析及实测水沙特征值年级比较分析，完成《2021 年四川省泥沙公报》编制。

4. 城市水文工作

2022 年，各地水文部门持续推进城市水文工作，进一步完善城市水文监测体系。江西省为加快补齐城市内涝预警短板，延伸水文社会化服务，开展了市级以上城市内涝预警系统建设，收集省会城市南昌以及九江市内涝点的雨量、水位数据等基础资料，开发城市易涝点模型，于 2022 年 8 月完成上线试运行。山东省城市水文工作起步较早，截至 2022 年年底已有济南、青岛、淄博、济宁、日照、威海、滨州等 7 市先后开展城市水文工作，设立了城区防洪专用水文（水位）站、雨量站并开展运行维护和监测。2022 年，济宁市通过城市水文监测系统共发布城区积水黄色及红色预警信息 72 条。日照市将 18 处城市低洼地带和重点河道监测点纳入水文综合监测查询系统，实现了单平台水文信息全网查询，研发的穿主城区沙墩河、营子河河道洪水预警推演系统，投入使用后可实现城市河道洪水预报、预警。济南市开展城市暴雨水文监测，及时向城防指发布雨水情信息，实施完成济南市城市水文防洪监测系统完善扩充二期项目，持续开展泉群流量监测分析工作，共实施 7 处监测站 50 次监测，编报"泉水动态月报" 12 期。威海市联合济南大学编制《威海市城市水文建设规划》，并协调规划部门，纳入威海市海绵城市建设项目。湖南全省城市水文监测工作中，长沙市率先开展，长沙市在市内道路低洼处建设 10 处城市水文站，在暴雨期提供内涝监测情况，修建长沙首个以公众科普功能为主的长沙市儿童友好马栏山水文站。贵州省黔西南州兴义市为解决城市内涝、市民日常出行和生产生活安全等问题，黔西南水文局在兴义市桔山街道区域易涝点安装了城市内涝监测设备，对过往行人和车辆进行实时预警，充分发挥内涝监测作用。

5. 水资源承载能力

2022 年，各地水文部门积极推进水资源承载能力监测分析工作。黄委以用水总量和地下水开采量为评价要素，核算了 2020 年水资源二级区套地级行政区水资源承载负荷，复核了 2020 年水资源承载能力容量，评价了 2020 年黄河流域水资源二级区套地市水资源承载能力。结合刚性约束制度，以县级行政区为评价单元，采用 2015 年数据，对黄河流域各县级行政区承载状况进行评价，提出了超载和临界超载县级行政区名单。组织黄河流域各评价单元近 5 年（2017—2021 年）地表水、地下水实际开发利用量及主要控制断面日均流量及年下泄水量调查，从生态流量（水量）、实际耗水量、地下水实际开采量等方面划分地表水及地下水超载区。湖南省编制完成《湖南省地下水超采区划》《地表水国家重点水质站水质监测》《国家地下水监测工程一期站点地下水水质监测》《洞庭湖内湖水质监测》等系列报告，以高质量水质水生态监测成果支撑《湖南水网布局研究》；衡阳分中心开展欧阳海灌区渠道水质监测工作，为灌区粮食安全保驾护航，完成《衡阳市三条红线修编》（2022 版）、《湘江流域衡阳市水量分配方案》（2022 年修订版）、《春陵水仁义镇至南京镇段河流健康评价》等报告编制。陕西省编制完成《铜川市水资源承载能力监测分析试点实施方案》《铜川市水资源承载能力监测分析试点试算报告》《铜川市水资源承载能力监测分析试点报告》，水资源承载能力监测分析试点 2022 年度有关工作按期完成。青海省完成《青海省副中心城市建设水资源承载能力研究项目申报书》编制工作。

二、地下水监测工作

2022 年，各级水文单位继续加强地下水监测，健全地下水监测站网，完善地下水监测工作体系，优化运行维护机制，保障地下水监测站和监测系统正常运行，强化地下水动态分析评价，地下水动态月报、通报、地下水动态评价等信息服务成果丰硕，地下水监测管理与信息服务能力不断提升。

1. 圆满完成年度地下水监测任务

2022年3月，水利部办公厅印发《关于做好2022年国家地下水监测工程运行维护和地下水水质监测工作的通知》，部署国家地下水监测工程运行维护和地下水水质监测工作。自2022年开始，增加部分监测井的清淤洗井、透水灵敏度试验、井深测量以及监测设备更换与维修等工作，保障国家地下水监测工程运行稳定。水利部信息中心编制完成《地下水信息统计简报》12期，季度通报4期，对各省（自治区、直辖市）地下水监测信息报送情况进行通报，通报内容包括信息报送情况、资料整编情况、系统和数据安全等，针对通报中存在的问题及时分析检视，制定整改措施，明确整改时间，总结整改成效，积极推进整改。

各地水文部门采取措施，做好地下水监测站运行维护工作，全面完成年度国家地下水监测系统运维，保障了地下水监测站设施设备正常运行以及地下水监测数据的连续性和准确性，为掌握地下水水位动态变化提供了基础保障，系统运行总体正常，全国地下水监测信息月均到报率99.42%、月内日均到报率96.96%、信息完整率96.81%、交换率99.84%，全年共收到20469站2.91亿条实时信息。水利部信息中心为水资源管理与调配业务提供约2万站次数据共享服务，拓展了智慧运维APP、在线整编、月度分析审核、地下水年鉴电子书化等功能，以提高地下水运维和监测数据实时整编、共享服务效率。

2. 继续推进国家地下水监测二期工程前期工作

国家地下水监测工程入选水利部117项"人民治水·百年功绩"治水工程项目。国家地下水监测二期工程前期工作取得阶段性进展。水利部水文司组织水利部信息中心、各流域管理机构和设计院完成国家地下水监测二期工程全国可研报告汇总与编制，通过信息中心主任办公会、水文司信息中心联席会、专家咨询会等多种形式（图7-1）审查，对可研报告进行质量把关，形成《国家地下水监测二期工程可行性研究报告》（以下简称《可研报告》），2022年7月，由水利部信息中心报送水利部。

图7-1　水利部水文司林祚顶司长一行调研国家地下水监测中心并听取二期可研主要成果汇报

2022年8月22—23日，水规总院组织召开会议对《可研报告》进行技术审查（图7-2），会议原则同意建设目标、范围、任务、方案和投资估算等内容。根据技术审查纪要修改意见，水利部水文司组织水利部信息中心制定修改方案，明确责任分工，完成了《可研报告》修改。11月4日，水规总院对《可研报告》进行复审，根据复审意见，再次组织水利部信息中心对《可研报告》进行了进一步修改完善。

图 7-2　二期可研技术审查会现场

2022年9月13日，水利部水文司与自然资源部自然资源调查监测司签订《国家地下水监测二期工程协商会议备忘录》，明确共同开展国家地下水监测二期工程建设。10月20日，两部委技术牵头单位水利部信息中心和中国地质环境监测院召开技术对接会，研究和审议《国家地下水监测二期工程可行性研究报告两部合稿方案》（以下简称《合稿方案》），组建联合工作专班，编制合稿报告大纲初稿。11月10日，将《合稿方案》报水利部。

3. 持续强化地下水分析评价

为贯彻落实《地下水管理条例》和水利部党组关于加强地下水动态评价的工作部署，水利部水文司组织水利部信息中心、海委分别完成《地下水动态分析评价技术指南（试行）》《地下水水位降落漏斗评价技术指南（试行）》编制工作，并向各流域管理机构、省级水行政主管部门和部直属有关单位征求意见，并按照各单位反馈意见完成了修改。

2022年，水利部水文司组织水利部信息中心编制完成12期《地下水动态月报》，并在水利部网站公布，动态反映我国主要平原区、盆地等区域的降水、地下水埋深以及水温等要素的变化情况，为社会了解全国地下水动态提供窗口。

水利部水文司组织水利部信息中心，海委和河北、北京、天津等省（直辖市）水文部门完成《华北地区地下水动态评价成果报告（2021 年）》和《10 个重点区域地下水水位动态评价成果报告》；以北京、天津、河北三个省（直辖市）的 33 个地市级行政区为预警对象，以地下水水位变幅为主要预警指标，对地下水水位变化进行预警，完成《华北地区地下水超采区地下水水位变化预警简报》12 期。

水利部水文司组织水利部信息中心积极探索研究地下水"四预"基本内涵、关键技术、实施路径，初步提出了三江平原、松嫩平原、辽河平原、西辽河流域、黄淮地区等 10 个地下水超采治理重点区地下水"四预"方案。依托国家重点研发计划项目，联合有关科研院所技术力量，推进地下水通用模型开发，完成典型示范区京杭大运河南运河段全线 347.2km、河道两侧各 20km 范围内的地下水数字流场构建，尝试构建了海河平原地表水—地下水耦合数值模型 GSFLOW。依据有关省份地下水管控指标，初步研发了地下水水位管控预警产品。

各地水文单位积极开展地下水监测服务，形成众多地下水监测分析评价产品成果（图 7-3）。海委完成华北地区地下水超采综合治理信息管理系统建设项目（图 7-4），并通过了验收，以"一张表、一套图、一个清单、一个系统"的评估体系为核心，通过开发信息采集、任务跟踪、效果评估、监督复核、宣传引导等功能模块，实现华北地区地下水超采综合治理进展信息填报、措施动态跟踪、治理效果评估和可视化展示等功能，为华北地区地下水超采综合治理提供信息化支撑。北京市开展地下水模型构建，构建了北京市平原区的三维地质结构模型、蓟运河水文地质单元的三维地质结构模型等模型，开发了实时预警、生态补水、蓄水区、地下水双控、取水论证、地下水超采区等基础业务分析功能；编制《北京泉水名录》，包括泉点分布、含水岩组、现场水质参数、在流状态、泉址权属、开发利用、生态环境状况等要素，绘制了分区泉水分布

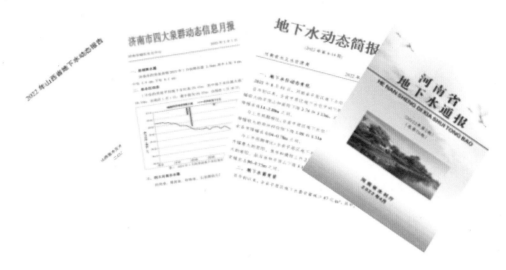

图 7-3　各省地下水监测分析评价产品成果

图 7-4　海委水文局华北地区地下水超采综合治理信息管理系统

图。河北省 2022 年共编制完成 12 期《河北省地下水超采区地下水位监测情况通报》和 4 期《河北省超采区地下水位监测情况季度通报》，对标国家超采区通报修订了河北省地下水考核通报编制技术。山西省编制《山西省地下水动态报告》和《山西省地下水月报》，统计分析每月盆地降水量、盆地平原区浅层地下水位变幅、地下水埋深和蓄变量。内蒙古自治区编制《内蒙古自治区地下水水位变化情况季度通报》《内蒙古自治区地下水水位动态分析报告》，并在32 个超采区进行地下水水位变化情况分析预警，建立月度通报制度。辽宁省积极为社会和水行政主管部门提供地下水信息服务，编制了《辽宁省地下水通报》《地下水动态月报》《辽宁省地下水超采区水位变化通报》。黑龙江省编写《黑龙江省地下水水位变化通报》，全面通报地市行政区和县级行政区地下水水位变化情况。安徽省编制《安徽地下水动态月报》12 期和《地下水超采区水情周报》47 期，开展淮北地区历年地下水水位变化规律研究，以摸清淮北地区浅层地下水变化规律，为浅层地下水管控提供基础支撑。江西省编制《江西省水资源月报》按月评价地下水动态变化。山东省编写《泉水动态月报》12 期，持续开展泉群流量监测分析工作。河南省编制《地下水动态简报》12 期、《河南省地下水通报》4 期，为区域地下水分析评价、抗旱调度、超采区治理、地下水压采提供信息服务；在上半年启动抗旱四级应急响应后，加编了数十期《地下水动态简报》，提供地下水水情信息；编制完成《河南省地下水超采区水位变化情况通报》12 期，以省水利厅公文形式予以发布，为各地治理地下水超采区决策提供信息。

4. 认真抓好地下水监测监督管理

各地水文单位不断加强地下水监测站网的运行维护管理工作。北京市编写了《地下水监测站迁建工作要求》，主要包括监测站迁建原则与依据、监测站迁建施工组织设计要求、监测站迁建主要工作流程、监测站迁建验收要求等。河北省制定了《河北省地下水监测工程（水利部门）运行维护管理工作规定》，明确运行维护管理、站网调整与完善、数据分析与使用等相关工作要求。浙江省印发《浙江省水文管理中心关于进一步加强国家地下水监测工程（水利）测站管理的通知》，督促各地切实落实管护责任，提高监测质量。河南省编制出版了《河南省地下水自动监测系统运维工作手册》，规范地下水运维工作，保障国家地下水监测工程（水利部分）的平稳运维，组织开展自查和巡检校测，针对自查和巡检校测工作发现的问题，督促运维单位进行维修整改。贵州省在运维过程中发现张家瓦窑地下水监测站因为旧城改造被破坏，依据《地下水管理条例》督促涉事单位完成了恢复重建工作。陕西省为强化运维管理，建立每周进度报告及信息周报制度，及时化解运维中各类矛盾问题，有效推进整体工作进度，并组织开展省、市两级监督检查，保证了运维质量和设施完好。

三、旱情监测基础工作

2022 年，面对长江流域 1961 年有完整实测资料以来最严重长时间气象水文干旱，为有效缓解旱情、保障流域供水安全，迎战长江口历史罕见咸潮入侵，水利部组织实施抗咸潮保供水专项行动。长江委和四川、重庆、湖北、湖南、江西、安徽等省（直辖市）水文部门加强墒情、低枯水流量监测和旱情预测分析，服务 2 轮"长江流域水库群抗旱保供水联合调度"专项行动，保障人民群众饮水安全和 1.83 亿亩秋粮作物灌溉用水需求。长江委、太湖局等流域管理机构和上海、江苏等省（直辖市）水文部门密切配合，加密水量水质同步监测，实施应急专项监测调查，滚动预报预演，紧盯咸潮动态，指导更多取水，保障上海市的供水安全。大旱之年实现供水无虞、粮食丰收。

各地水文部门认真做好墒情站点运行维护和更新改造，完善旱情预警机制，加强监测数据质量管理，为服务抗旱工作做好水文支撑。北京市向水利部报送 38 个土壤墒情站监测数据，提供全市大中型水库水情信息、水情简报等材料，定期开展官厅、密云两大水库来水量预报，为旱情分析提供技术支撑。辽宁省向水利部报送人工墒情站点信息 1982 条，为全省各级抗旱部门提供《旱情分析》专题材料 17 期。吉林省组织开展旱情监测预警综合平台墒情遥感监测系统建设，实现卫星遥感监测与土壤墒情监测深入结合，构建土壤含水量遥感监测与模拟模型，有效提升墒情监测能力；结合全省旱灾防御特点，完成了旱情监测指标体系构建；集成"空 – 天 – 地"多源数据优势，开发完成吉林省农业旱情综合监测评估模型，旱情综合监测评估准确性有效提升。浙江省完善旱情信息共享和预警统一发布机制，迭代升级旱情预警填报和审批流程及功能，统筹指导各市县在统一平台发布水利旱情预警，实现全省水利旱情预警一平台发布，全省累计发布水利旱情预警 113 期。江西省首次开展"三个 10 天"墒情预报预测，为抗旱救灾提供水文技术支撑。湖北省开展旱情预测预报工作，组织编制《全省旱警水位工作技术方法》，完成全省 129 个断面旱警水位（流量）指标确定，为湖北的防汛抗旱提供支撑。湖南省通过土壤墒情监测及数据分析评价，编制旱情日常分析 149 期、旱情专题分析 96 期、旱情会商专报 80 期、中短期雨水旱情预测 36 期，发布枯水预警 33 期。新疆维吾尔自治区建成包含相对湿度、降水距平、河道断流等信息查询及综合分析研判等功能的墒情分析平台，全疆建立土壤墒情固定站点 87 处。山东、河南、广东、重庆、四川、贵州、云南、陕西、甘肃等省（直辖市）强化旱情信息报送，及时上报墒情数据，为各地抗旱决策提供科学依据。

第八部分

水质水生态监测与评价篇

2022 年，全国水文系统水质水生态监测能力进一步提升，水质在线自动监测加快发展，水质监测人员队伍能力建设不断加强。全国水文部门认真做好水质水生态监测与分析评价工作，水质监测服务范围不断拓展，管理和科研水平持续提升。

一、水质水生态监测工作

1. 水质监测能力建设持续加强

水质水生态实验室监测能力进一步提升。2022 年，黄委为提高监测能力，提升服务黄河流域生态保护和高质量发展的能力，进一步加快实验室能力建设，组织宁夏水质监测站、中游水环境监测中心和三门峡库区水环境监测中心开展了实验室能力建设。海委在"十四五"水文基础设施建设规划中优先安排海河口水生态实验站建设项目，项目总投资 566 万元，主要建设内容为新建水质自动监测站 1 处，改建水生态实验室 1 处，配置流式细胞仪、浮游生物智能鉴定系统、荧光定量 PCR 等水生态监测大型仪器设备 24 台（套）。珠江委顺利通过国家级检验检测机构资质认定扩项评审，扩项主要涉及地下水、地表水、饮用水、海水、污水及再生水五个类别共 198 个检测参数，珠江委中心实验室重建后达到了五大类九小类共近 800 项监测能力。北京市购置了包括浮游藻类 AI 智能监测系统、全自动高锰酸盐测定仪、智能净气型试剂柜等仪器设备共计 22 台（套）。黑龙江省投资 107.78 万元，采购了全自动多通道原子荧光光度计、离子色谱、气相色谱大中型仪器设备 4 台（套），以改善水环境检测设备老化问题。吉林省投资 1306.15 万元，对延边、通化分中心实验室进行升级改造。
山东省青岛分中心自筹资金对实验室进行改扩建，实验室面积新增 91m²，达到
610m²。河南省全省实验室购置共计 10 台（套）仪器设备，其中便携式叶绿素
测定仪 2 台、全自动化学需氧量测定仪 1 台、全自动高锰酸盐指数测定仪 1 台、
全自动紫外测油仪 6 台，价值共计 220 万元。

水质在线自动监测加快发展。长江委启动了长江流域中心、上游中心、下
游中心及九江分中心、汉江中心及丹江口分中心实验室水资源监测能力提升工
作，通过实验室水资源监测能力项目建设，即将建成水文行业首家全自动无人
水质实验室。太湖局完成官渎等 9 处中小河流水文站改建，实现水位、流量、
水质等要素的自动在线监测；完成贡湖湖区 8 处重点湖区水文监测预警设施（湖
流站）建设工作，实现太湖贡湖湾水域自动监测，推动太湖水生态调度以及"引
江济太"贡湖湖流模拟推演。山西省启动自动监测站升级改造项目，实现自动化、
流程化、标准化，提升水环境监测评价工作的管理效率和质量管理能力。安徽
省投入 735 万元落实 111 处水质自动监测站运行维护，取得市界断面在线数据
144.2 万个，水源地在线数据 57.5 万个，在线数据共计 201.7 万个。广东省建成大、
小型水质自动监测站 109 座。海南省建设 5 个国家重要饮用水水源地水质自动
监测站，5 个国家重要饮用水源全部实现水质在线监测。提升了自动化监测水
平和突发性水污染事件预警能力。

水质监测信息化建设加快推进。安徽省着力提升信息化水平，升级"安徽
省水质水量监控系统"，升级后的系统可根据导入的实测水质数据进行自动分
析、评价并生成报表和报告。山东省启动水文信息化整合提升专项行动，明确
全省水文"数据管理一个库、业务支撑一张网、公共服务一张图，系统应用一
平台""四个一"总体思路，推动构建全省水文系统全领域全流程一体化应用
平台。云南省持续推进水质采送样管理系统、实验室管理系统、评价系统和物
资管理系统的优化和使用工作，监测效率得到显著提升，监测质量得到进一步

提升,成果应用更加便捷高效。陕西省实现了高效的信息传递共享、存储与管理、信息查询、分析统计等功能及全省水质的每月动态评价、可视化图表展示,"智慧采样猫"系统软件在全省投入使用,更好地实现水样采集中的管理、监督和信息共享。

水质监测人员队伍能力建设不断加强。长江委以需求为导向,组织开展了水生态监测、鱼类监测、实验室信息管理系统(laboratory information management system,LIMS)及整编系统操作、地下水采样、三峡工程运行安全监测、检验检测机构资质认定等培训,年度培训超 500 人次。辽宁省组织开展全系统技术培训,邀请知名专家对省中心及驻各市水文局实验室全体工作人员针对《检验检测机构资质认定管理办法》《检验检测机构监督管理办法》《检验检测机构资质认定能力评价 检验检测机构通用要求》进行了集中培训,以进一步理解管理要求,提升监测能力。浙江省强化质量控制力度,切实加强全省水质监测人员培训,举办 2022 年水质检测技术和实验室管理培训班,全年开展各类培训 32 次,参加人员 217 人次,同时积极开展全省质控样品考核和参加太湖流域上岗考核,开展内部质控考核 42 项次,完成对分中心 45 人次上岗考核 198 项次,9 人次换证 47 项次。广西壮族自治区瞄准监测评价队伍技术能力缺口,针对性开展专业知识大培训活动,举办了 MIKE 软件一维河道水动力模型、"水质业务系统"、资质认定体系宣贯等专题培训班,组织检测人员上岗考核 50 人,新上岗项目 144 个,延期换证 89 个。

2. 水质监测服务范围不断拓展

各地水文部门不断加强水生态监测工作,全面提升水质水生态监测能力。2022 年,水利部印发《水利部办公厅关于持续推进水生态监测工作的通知》(办水文〔2022〕100 号),持续推进水生态监测,在汉江、赤水河、长江口、黄河河口三角洲湿地、三峡库区、鄱阳湖等水域拓展底栖生物、浮游动植物及鱼类等水生生物监测与分析评价,支撑流域生态流量保障、河湖健康评价、流域水库生态调度等工作。海委实施了白洋淀水生态监测，编制了《2022年度白洋淀水生态监测实施方案》，共监测白洋淀水生态断面4个，主要监测指标为浮游植物、浮游动物、底栖动物、大型水生植物等生物指标及部分水体理化指标。北京市不断加强水生态监测和评价工作，全市布设水生态监测站点166个，监测水体148个，覆盖全市五大流域、主要支流、水库、湖泊和全部湿地，动态实现全覆盖，监测生境、理化、生物等三类指标，全年在水生动植物生长周期的萌发期、繁盛期和衰亡期监测3个轮次。江苏省继续深入推进省管湖泊、大型水库、部分骨干河道和重要水体的水生态监测，持续扩大水生态监测范围，在每月开展12个省管湖泊、6个大型水库水生态监测的基础上，新增33条流域性河道、43个中型水库监测。江西省联合中国科学院水生生物研究所开展江西省重点湖泊鱼类资源调查，建设环境DNA实验室，培养纯种藻近30种，收集各类样本500余份，完成基因测序87种。湖北省在开展水质、藻类等常规水文监测的基础上，进一步拓展监测领域，开展浮游植物、浮游动物、底栖生物、大型水生植物、鱼类等水生生物监测与调查，按照"一湖一库一流域一湿地"的原则继续开展水生态监测，在6个市州共布设了50个水生态监测站点，开展了以常规监测为主、生态调查为辅的水生态监测工作（图8-1）。湖南省

时　间：2022.07.06 10:10
天　气：多云　　西风2级　湿度90%
地　点：黄冈市·袁家湖

图8-1　湖北省组织开展水质采样工作

完成东江湖、涟水、湘江长沙段、东洞庭湖年度水生态监测任务，组织开展了两次洞庭湖水生态监测评价、一次洞庭湖内湖水质监测评价。青海省开展三江源、青海湖、祁连山、木里矿区水生态监测，共形成 29 站 32 万字组数水文资料，编制各地区的生态保护区水资源监测评价报告，为三江源、青海湖、祁连山、木里矿区生态保护提供数据支撑和科学依据。

各地水文部门积极开展服务河湖长制水质监测工作。上海市开展 94 个水务新增断面、"三查三访"问题河湖水质检测，开展整治水体 288 个断面水质监测和每季度 1 次合计 4 次共 1500 座农村生活污水处理设施出水水质监督性监测。福建省开展乡镇界交接断面查勘复核与调查性监测，组织对省河长办 2017 年确定的全省 1132 个乡镇界交接断面开展现场查勘调查并开展 1 次调查性监测，开展水质分析评价和水质状况通报编制工作，为河湖长制考核工作提供水质赋分结果。山东省根据河湖长制监测评价结果每月编制《山东省省级骨干河道、湖泊及其一级支流水质状况通报》及各骨干河道水质状况简报（一河一单）及全省各市骨干河道水质状况简报（一市一单），为河湖健康管理提供技术支撑。湖北省完成全省河湖长责任河湖总计 458 处监测断面的水质监测工作，编制水质月报 380 余份。湖南省深挖海量的水质水量监测数据服务全省河湖长制工作，每月对江垭、皂市两座水库的入库、库中、近坝区、出库等断面进行水质、水生态监测与评价，累计收集水质水生态信息 3000 余条，编辑发布水资源状态报告 22 份。广东省积极主动服务地方河（湖）长制工作，江门水文分局已连续五年开展江门市全面推行河（湖）长制水质考核监测工作，对江门市 150 个河长制监测站点进行逐月监测，全年监测 12 次，完成数据量共计 3 万余个。重庆市组织开展流域面积 50km^2 以上的 510 条河流 758 个河长制水质断面的监测工作，全年监测断面 9096 个次，汇总分析数据量达 13 万余个。

各地水文部门持续推进饮用水水源地监测及农村供水安全保障水质监测工

作。水利部水文司完成云南省农村供水问题动态清零检查工作，为全面落实农村供水问题动态清零机制，及时消除影响饮水安全的各类风险隐患，提高农村供水保障水平。江苏省编制发布《江苏省集中式饮用水水源地水文情报》，全年开展了 2 次全省 22 个国家重要水源地的 109 项全指标监测工作，并编制全指标监测年报。浙江省在温州珊溪水库和泽雅水库开展水库型水源地生态健康评价研究试点，首次建立"浙江省水库型水源地生态健康评价体系"，为进一步优化完善全省水库型集中式饮用水水源地安全保障达标评估提供技术支撑。安徽省开展农村饮水监测、国家重点水质站水质监测等技术服务，完成芜湖市 43 个农村饮用水水样及 2022 年全省农村供水工程问题投诉的 93 个水样检测。湖北省完成农村供水监督性监测 354 站次，开展 16 人次的明查暗访及水质抽检工作，开展 90 处水源水水质检测，共抽检农饮水水样 970 余点次，编制《农村饮水水质通报》14 期并出具检测报告 30 余份。重庆市制定并实施《重庆市农村饮水安全工程市级水质监督监测工作计划（2022 年）》，按季度对 36 个区县千人以上供水工程实施随机抽检，助力农村饮水安全保障。

各地水文部门结合工作实际开展专项水质监测工作。山东省开展了重要河湖及 210 条一级支流水每月 1 次水质监测工作，取得监测数据 10 万个；完成京杭大运河贯通补水水质监测，组织完成地表水水质监测 52 点次、地下水水质监测 7 点次、水生态监测 4 点次，取得监测数据 1170 个，并编制了《京杭大运河 2022 年全线贯通补水水质监测评估报告》。河南省开展大型灌区水质监测，完成 38 个大型灌区 459 个取水断面的水质监测任务，监测频次为 2 次 / 年（春灌、秋冬灌各 1 次），监测项目为《农田灌溉水质标准》（GB 5084—2021）基本控制项目 16 项。湖北省全年完成输调水总计 18 处断面的水质监测工作，定期监测涢水水库、尚家河水库、白莲河水库、王英水库、蔡贤水库等水源地的水质状况，及时报送检测成果，反映水体水质变化状况，编制年度水质检测报告。宁夏为服务农业灌溉用水监测，组织开展 12 条引（扬）黄干渠

31个灌溉用水水质风险点3次监督监测,辐射灌溉面积960余万亩、200余万人,为灌区生态环境和社会经济稳定发展做出积极贡献。

各级水文部门及时高效开展突发水事件应急监测。长江委为应对汉江中下游水华,派出40余人参与应急监测,发出18份简报,编制完成《汉江中下游"水华"成因分析报告》;为保障长江口地区供水安全,及时组织长江口局开展了咸潮入侵应急监测。黄委主动作为,在今日头条APP中看到网友发布的"大量黑水流入黄河包头东河段"视频后,紧急制定应急方案,并迅速派调查组到达视频拍摄位置,现场观察发现由于视频拍摄时流量大冲刷起底泥,加之光照及底泥发黑等原因导致水体呈深色状态,且调查组立即采集该入黄口处水样,经检测确定视频拍摄地未发生水污染事故。江苏省2022年6月组织蔷薇河送清水通道抗旱应急调水水质监测,7月起组织开展望虞河引江济太水质水量监测工作,8月对望虞河及贡湖水源地2-MIB进行应急监测;9月对长江咸潮影响水源地内河进行持续应急补水水质监测。江西省成功应对信江蓝藻、南昌水葫芦、锦江水质异常等突发水污染事件,共开展监测54次,分析藻类样品418个,编制简报15期,首次发布预警2期。云南省建立全省联动现场调查监测机制,以常规监测、监督性监测为依托,发现水质异常情况及时向有关部门发送提醒函,推进水质动态预警。

二、水质监测管理工作

水利部持续加强水利系统水质监测质量管理。2022年,水利部与国家市场监管总局、公安部、自然资源部、生态环境部、交通运输部、海关总署、国家药监局等八部门共同开展跨部门联合监督抽查。水利部与国家市场监管总局等八部委联合印发《关于组织开展2022年度检验检测机构监督抽查工作的通知》,组织开展"双随机、一公开"监督抽查"水利水质监测领域"5家国家级资质认定检验检测机构。水利部与国家市场监管总局等5部委联合印发《关于2021

年度国家级资质认定检验检测机构监督抽查情况的通告》（2022 年第 9 号），对 2021 年度国家级资质认定检验检测机构监督抽查情况进行了通报。水利系统 10 家国家级资质认定检验检测机构全部通过市场监管总局的"飞行检查"。为进一步规范水利系统水质监测质量和安全管理工作，建立健全水质监测质量和安全管理制度体系，水利部印发《水质监测质量和安全管理办法》，明确并统一水利系统水质监测质量和安全相关行业管理要求，为确保监测成果真实准确、保障监测生产安全提供依据。

各地水文部门持续加强水质监测质量与安全管理。北京市认真贯彻落实《检验检测机构资质认定管理办法》《检验检测机构资质认定能力评价 检验检测机构通用要求》，制定了 2022 年质量控制工作计划，定期提交《质量管理月报》《质量控制报告》和《质度工作报告》。河北省完成全省 12 批次、60 人共 472 项次的上岗考核工作，完成了 5 个实验室 2 次实验室间比对监测和全省 11 项参数的质控考核工作，参加了国家认监委组织的氟化物能力验证考核，结果满意。辽宁省通过多种措施重点对省中心实验室和驻各市水文局实验室加强质量控制，组织编制 2022 年水环境监测中心质量管理工作计划，及时开展质控考核、监督检查、内部审核和管理评审等工作；落实水文监督检测检查自查及监督检查，完成各月实验室危化品统计上报和安全生产监督检查。浙江省修订《水质监测安全管理制度》，制定印发《浙江省水文管理中心易制毒易制爆化学品安全管理制度》，进一步完善了省水文中心和市级水文分中心"三个职责清单"。湖北省严格按照《检验检测机构资质认定管理办法》和水环境监测质量管理"七项制度"的要求开展水质监测工作，各水文分中心按照《2022 年度质量管理工作计划》、《水环境监测规范》（SL 219—2013）的要求开展工作，严格遵守质量管理的各项规定，做好质控考核及常规监测质量控制，把质量管理与监测工作紧密结合，将质量控制贯穿于日常的水质监测工作中。四川省重视实验室安全管理，组织各地区中心业务骨干成立工作小组，编制印发《四川省水文水资源勘测中心关于水质实验室安全生产应急处置的指导意见（试行）》。

三、水质监测评价成果

1. 监测成果信息应用与共享情况

全国水文系统积极开展水质监测评价工作，为各级政府及相关部门提供技术支撑和决策依据。水利部水文司组织编制完成《2021 年全国地下水水质状况分析评价报告》和《中国地表水资源质量年报（2021）》。推进部门间信息共享，与自然资源部共享两部门国家地下水监测工程水质监测成果，向生态环境部提供水利部门监测的 2021 年地表水和地下水水质监测成果，同时，向生态环境部提供地下水有关数据，用于支撑财政部重点生态功能区转移支付工作，为财政部生态补偿工作提供了基础数据支撑。

北京市正式发布编发了《2021 年度北京市水生态监测及健康评价报告》，同步编制"一河一策"和"一区一策"，编制南水北调干线刚毛藻专项监测报告、密云水库水质水生态报告、桃花水母监测专报等各类水生态专题报告 3 篇。天津市发布各类水质简报共 150 期，完成了 2021 年度天津市地表水水质资料整编工作。河北省编制 12 期《保定市城市饮用水水源地水质通报》，编写的《基于水化学分区的衡水市地下水水质水量耦合研究》获河北省水利学会科技进步二等奖。内蒙古自治区编制报送了"一湖两海"水质月报 12 期、西辽河"量水而行"水质月报 12 期，《"一湖两海"2020 年水环境质量年报》《西辽河流域 2020 年地表水资源质量年报》和《内蒙古自治区 2020 年地表水资源质量年报》客观地反映了"一湖两海"、西辽河流域以及全区主要河流湖库水质状况、时空变化特征，为生态文明建设提供了技术支撑。辽宁省组织编制了《辽宁省重点水质站及主要水源保护区水质通报》（年报、月报）、《辽宁省主要供水水库及重要输（供）水工程水质通报》（年报、月报）、《辽宁省水资源质量年报》、《辽宁省 2022 年度全国重要饮用水水源地安全保障达标建设评估报告》，并及时报送至有关管理部门，以支撑水资源管理与保护工作。上海市编制《地表水水质自动监测站管理月报》12 期、《农村生活污水处理设施出水水质监督性监测情况的报告》4 期、《上海市骨干河湖水质分析报告》10 期、《上海市河湖水质状况月报》10 期。福建省编制完成《九龙江北溪流域水生态水环境监测试点工作总结报告》及《独流入海型河流生态建设指南》。江西省形成《鄱阳湖水生态健康蓝皮书》《江西省水质水生态环境专报》《江西省 1km^2 以上湖泊水生态调查及评价报告蓝皮书》《江西省大气降水水质监测分析报告》等系列成果报告。贵州省编制完成《2022 年贵州省地表水国家重点水质站监测成果报告》《贵州省 2022 年水生态监测总结报告》《贵州省流域面积 300km^2 以上河流市（州）界断面水质状况简报》《2022 年贵州省市（州）界断面水质监测成果报告》《贵州省大中型水库水质状况及富营养状态简报》。甘肃省向社会发布了《甘肃省河流健康蓝皮书》，为河湖治理保护提供决策支持，支撑河湖复苏及水生态文明建设。

2. 水质水生态科学与研究

辽宁省与中国水科院合作开展了桓仁水源区抗生素类药物及环境激素等新污染物风险评价，选取了 37 种我国水环境中常见的药品和个人护理品（PPCPs），包括人用和兽用抗生素、抗癫痫药、抗抑郁剂、抗菌剂等作为研究对象，依托 UPLC–MS/MS 分析检测技术，建立了 37 种 PPCPs 的仪器分析方法；依托固相萃取及超声萃取等样品前处理技术，建立了从水及沉积物样品中提取 PPCPs 的前处理方法；通过对桓仁水库水源地库区、入库河流不同点位与层次进行采样和检测，取得了全面、详实的监测数据。江西省成功申报中国科学院 STS 重点项目"鄱阳湖水系濒危水生动物保护创新研究示范"，在鄱阳湖蛇山站和星子站建立 2 处江豚在线监测站，收集整理数据万余条。河南省在与郑州大学联合开展的面源基础调查和专题研究基础上，组织编写了《典型区域面源污染物入河量核算方法研究与实践》。湖南省申报水利部重大科技项目《洞庭湖生态疏浚关键技术与装备研究及示范》，湖南省水利厅《变化水沙条件下洞庭湖富营养化演化及管控策略》《洞庭湖水热情势演变特征及区域水生态响应机制研究》《基于健康风险的湖南省重金属灰水足迹评价》等多项科研课题已经顺利验收，独立承担的《东洞庭湖大型底栖动物群落时空演变与生态质量评估》课题已经完成了东洞庭湖水生态监测任务，下一步将在历史资料的支撑下探究底栖动物群落时空演化规律。云南省以九大高原湖泊保护治理为重点，深入开展洱海主要入湖河流弥苴河水生态调查、抚仙湖湖泊区水体季节性分层特征研究、程海湖溶解氧垂向分布研究等多项专题研究，联合云南大学与昆明分局向云南省科技厅成功申报了滇池湖泊生态系统云南省野外观测研究站生态水文分站，为云南高原湖泊水环境分析、水资源保护和湖泊健康评价提供科学依据。

第九部分

科技教育篇

2022 年，全国水文系统不断加强水文科技和教育培训工作，水文科技应用成效显著，水文人才队伍不断壮大，专业素质稳步提高，水文科技管理、标准化建设工作得到加强，各地水文部门积极开展重大课题研究和关键技术攻关，承担了一系列水文科技项目，取得丰硕的科研成果。各地强化水文人才队伍建设，举办各类水文管理和业务技能培训班，增强了水文职工行业管理和业务工作能力。

一、水文科技发展

1.水文科技项目成果丰硕

全国水文系统积极开展水文基础科学及应用类课题研究，致力于提高水文科技发展水平，水利部南京水利水文自动化研究所联合长江委、黄委等流域管理机构申报"十四五"国家重点研发计划专项课题"基于声光信号及其组合的泥沙在线监测关键设备研制"并成功批准立项。长江委水文局"长江流域智慧化产汇流及洪水预报模型研究""河流生态水文调控关键技术及示范"和"丹江口水库入库水质风险应急调度研究"3 个项目列入水利部重大科技项目。黄委水文局完成"智慧水文站系统""河流泥沙激光粒度分析国产先进仪器与技术体系构建""水保工程群影响下的流域产汇流机理与过程模拟"3 项科技成果通过了 2022 年黄委科技成果评价（评审），均为国际先进水平。

全国水文系统获得或入选省部级以上科技奖 14 项，其中长江委水文局作为主要完成单位的"长江上游梯级水库群多目标联合调度技术"入选大禹水利科技进步奖特等奖，长江委、黄委、海委、太湖局等流域管理机构水文部门入选 3 个大禹水利科技进步奖一等奖。"长江现代水文水资源监测预报预警体系"获 2022 年长江科学技术奖特等奖，"流域水安全全息监测与全域预报预警关键技术"获 2022 年度湖北省科技进步奖一等奖。有关获奖情况详见表 9-1。

表 9-1　2022 年获省部级荣誉科技项目表

序号	项目名称	承担或参与的单位	获奖名称	等级	授奖单位
1	长江上游梯级水库群多目标联合调度技术	长江水利委员会水文局	大禹水利科技进步奖	特等奖	中国水利学会
2	缺资料流域水文模拟预报的理论技术创新与应用	黄河水利委员会水文局、海河水利委员会水文局	大禹水利科技进步奖	一等奖	中国水利学会
3	变化环境对跨境流域径流的影响及水利益共享研究	长江水利委员会水文局	大禹水利科技进步奖	一等奖	中国水利学会
4	流域河湖治理工程水生态影响监测与评估关键技术及应用	太湖流域水文水资源监测中心（太湖流域水环境监测中心）	大禹水利科学技术奖	一等奖	中国水利学会
5	长江现代水文水资源监测预报预警体系	长江水利委员会水文局	长江科学技术奖	特等奖	长江水利委员会
6	流域水安全全息监测与全域预报预警关键技术	长江水利委员会水文局	湖北省科技进步奖	一等奖	湖北省人民政府
7	洪水在线监测与预报调度一体化关键技术	淮河水利委员会水文局	大禹水利科学技术奖	二等奖	中国水利学会
8	数字孪生淮河防洪"四预"系统关键技术	淮河水利委员会水文局	淮委科技进步奖	特等奖	淮河水利委员会
9	淮河流域水资源监控关键技术及应用	淮河水利委员会水文局	淮委科技进步奖	二等奖	淮河水利委员会
10	面向高不确定性和低工程调蓄能力的流域水资源精细调度关键技术	淮河水利委员会水文局	安徽省科学技术进步奖	一等奖	安徽省人民政府
11	长江口水文系统监测和信息共享技术研究	上海市水文总站	上海市水务海洋科学技术进步奖	二等奖	上海市水务局（上海市海洋局）科学技术委员会
12	小流域洪水预报关键技术及预警机制研究	浙江省水文管理中心	浙江省水利科技创新奖	二等奖	浙江省人民政府
13	小型水库群洪水自动监测预报及智能预警关键技术	安徽省水文局	大禹水利科学技术奖	三等奖	中国水利学会
14	河口水流运动规律变化与公共安全	福建省水文水资源勘测中心	福建省科技进步奖	二等奖	福建省人民政府

2.水文科技应用成效显著

各地水文部门持续加强业务与科技融合，不断提高水文科技应用水平。水利部信息中心会同河北省、湖南省在雄安新区和湘江流域开展新一代相控阵测雨雷达试点运行，实现超精细化面雨量监测和短临预警。安徽省积极开展雷达测雨应用试点，提升面雨量预警能力。长江委量子点光谱测沙仪研发取得新突破，不断拓展含沙量测量范围、作业方式与测验项目。黄委加强技术攻关，便携式雷达冰厚测量仪正式批复投产，定点式水冰情一体化监测雷达实现冰厚实时在线监测，监测效率显著提高。宁夏回族自治区针对不同断面情况，采用定点雷达、定点ADCP、侧扫雷达、视频测流等新设备以及建设大型混凝土标准化监测断面方式，多措并举，以提升西北多沙河道、渠道、山洪沟道水量水质自动监测覆盖率。2022年，长江委开展了长江智慧水文监测系统（WISH）在全局的全面并行应用工作，并持续推进WISH系统升级完善及与在线整编系统的深度融合。

3.《水文》杂志

水利部信息中心进一步加强《水文》杂志出版工作，全年出版正刊6期。《水文》杂志再次入编《中文核心期刊要目总览》，被《中国科技核心期刊》收录。

《水文》杂志坚持办刊宗旨，谋求高质量发展，加强主题出版，围绕暴雨洪水和水灾害防御等当前热点研究领域积极征稿，为解决水文行业关键问题提供科学理论和技术支撑。编辑部进一步强化期刊管理，规范期刊地图出版，拓宽发布渠道，在水利部信息中心微信公众号"水利信息化和水文监测预报"设立"水文杂志"栏目，按期发布电子书，同时在《水文》投稿网站发布最新出版的文章，稳步提升办刊信息化水平，有效增强了期刊的影响力。

二、水文标准化建设

水利部水文司组织制（修）订的《水文基础设施及技术装备标准》（SL/T

276—2022)行业标准正式发布，以指导水文机构和测站加强先进技术装备配备。组织完成《水位观测标准》《水文站网规划技术导则》《水利水电工程设计洪水计算规范》《明渠超声波时差法层流速测量装置》等4项国家或行业标准报批工作。国标《河流流量测验规范》英文翻译项目获批启动。开展《冰情监测预报技术指南》编制工作。

各地水文部门积极开展规范贯标工作，同时结合生产实际制修订地方标准、管理办法。黄委修订了《黄委水文局汛前准备指导意见》《黄委水文局汛前准备检查办法》《黄委水文局汛前准备检查评分标准》，指导规范汛前准备及检查。北京市发布3个地方标准《河湖水质一体化在线监测技术规范》（DB11/T 2022—2022）、《鱼类和贝类环境DNA识别技术规范》（DB11/T 2023—2022）、《城镇排水防涝系统数学模型构建与应用技术规范》（DB11/T 2074—2022），发布团体标准《水质总硬度和钙镁的测定自动电位滴定法》（T/ BHES 0001—2022）。河南省颁布实施4项地方标准《电波流速仪测流规程》（DB41/T 2229—2022）、《全自动水文缆道远程测流规程》（DB41/T 2230— 2022）、《地下水监测站借用井技术规范》（DB41/T 2321—2022）、《水资源公报数据库设计规范》（DB41/T 2322—2022）。

三、水文人才队伍建设

1. 强化人才管理和激励机制建设

水利部高度重视人才队伍建设，组织指导各地水文部门强化人才管理，建立健全激励机制。长江委依据《长江委水文局领导干部能上能下实施细则》《中共长江委水文局党组关于适应新时代要求进一步加强年轻干部培养选拔工作的意见》，继续实施领导干部退出机制，加大优秀年轻干部培养力度。黄委结合水文工作实际，制定《水文局专业技术创新团队组建方案》《水文局专业技术创新团队管理办法》，命名了涵盖水文监测技术、水文预报技术、水文信息技术、河湖测量技术、仪器装备技术、水文科学研究六个技术门类，领军、拔尖、重点、基础四个层次，27 支水文专业技术创新团队。珠江委编制水文局人才发展规划，做好顶层设计，做好学科建设谋划，建立 6 个学科团队建设，形成专业发展合力。吉林省出台《关于激发人才活力支持人才创新创业的若干政策（2.0 版）》，精准兑现人才各项政策待遇，在开展各项人才待遇兑现之前，按照"先定级、再对标、后兑现"思路，对水文系统中高层次人才进行了分类认定。黑龙江省研究制定《中共黑龙江省水文水资源中心委员会干部储备培养和使用工作规划（2022—2026 年）》。江西省坚持以《江西省水文人才队伍建设规划》为引领，以"5515"人才工程为主线，认真贯彻新时代党的组织路线和人才强国战略要求，持续加快构建人才素质培养、梯次储备、激励使用体系，着力建设一支高素质专业化水文干部队伍。山东省制订印发了《山东省水文中心新进人员"1+1"跟踪培养方案》《山东省水文专业技术人才培养服务平台管理办法（试行）》。湖北省制定《第七届全国水文勘测技能大赛参赛选手培训选拔工作方案》。甘肃省修订印发了《甘肃省水文站专业技术岗位内部等级任职条（试行）》《甘肃省水文站水文地质勘查职工野外工作津贴发放办法（试行）》《甘肃省水文站专业技术及工勤岗位晋升推荐办法（试行）》等相关制度办法，进一步提升了工作效能，激发了水文干部队伍活力。

2. 多渠道培养水文人才

全国水文系统以提升水文人才队伍整体水平、做好水文支撑为目标，坚持以岗位需求为导向，将专业技术知识、业务理论、干部文化素养和党性教育等作为年度培训重点内容，因地制宜开展内容丰富的教育培训活动，对提升业务干部、技术人才和管理人员等水文队伍的整体能力水平起到了良好推动作用。各地克服新冠疫情影响，积极探索和创新业务培训方式方法，缩减线下集中办班数量，充分利用互联网及视频会议终端，采取线上方式或线上线下相结合方式，在提升培训效果、扩大培训范围等方面取得良好成效。全年省级及以上部门举办的培训班共计 696 个，培训 3.35 万人次，提升了水文人才队伍水平，收到了良好的效果。

水文司组织筹备第七届全国水文勘测工技能大赛决赛，指导各地加强业务培训演练，做好参赛人员选拔等工作。各地水文部门组织开展形式多样的技能竞赛等工作，培育水文技能人才队伍。长江委完成首届水文局技术能手、创新能手评选，开展全国水文勘测大赛等多项省部级竞赛选拔培训，涌现出一大批素质优良、业务精湛、成绩显著的优秀人才。太湖局举办局系统第二届水文勘测技能竞赛（图 9-1）。安徽省成功承办了由安徽省水利厅、安徽省人力资源和社会保障厅、安徽省总工会举办的第十届全省水利行业水文勘测职业技能竞赛。江西省常态化举办水文勘测技能、水质监测、水文情报预报三项技能大赛，积极选拔培养备战全国水文技能大赛种子选手。北京、天津、云南、西藏、宁夏等省（自治区、直辖市）也成功举办了省级水文勘测技能大赛。

图 9-1　2022 年，太湖局组织开展水文勘测技能竞赛

多地组建创新工作室，依托其辐射力量，带动水文勘测技能水平不断提升。长江委罗兴创新工作室被命名为"全国农林水利气象系统示范性劳模和工匠人才创新工作室"。黑龙江佳木斯分中心苏文峰创新工作室被命名为"黑龙江省劳模和工匠人才创新工作室"正式揭牌。浙江省"胡永成劳模创新工作室"入

选"浙江省高技能人才（劳模）创新工作室"。

一年来，各地水文勘测技能人才取得了可喜的成绩和荣誉。长江委左新宇荣获水利部"全国水利技术能手"称号，长江委中游局荣获全国水利行业技能人才培育突出贡献单位。江苏省苏州分局水质科荣获"江苏省工人先锋号"荣誉称号。重庆市水文监测总站渝北水文中心马彪获共青团重庆市委员会授予"2021—2022 年度重庆市青年岗位能手"称号。

为进一步推进水文情报预报高层次人才队伍建设，淮委等流域管理机构和河北等省制定首席预报员管理办法，推进地方首席预报员选聘工作。广西壮族自治区修订了《广西水文首席预报监测员（二级）评选管理办法（试行）》，并组织开展第一届"广西水文首席预报监测员（二级）"评选工作。福建省、广东省选拔聘任了第二批水文首席预报员，作为培养水文情报预报技术带头人，进一步提高全省水文预测预报能力和水平。黑龙江省为培养水情预报技能人才，探索"以赛代训、以赛促学"方式锻炼水情人才队伍，完成了黑龙江省首届水文情报预报技能大赛相关筹备工作。贵州省成功举办第一届"助推绿色发展 建设美丽贵州"水文情报预报技能大赛。

3.稳定发展水文队伍

截至 2022 年年底，全国水文部门共有从业人员 72453 人，其中：在职人员 25184 人，委托观测员 47269 人。离退休职工 18023 人。

在职人员 25184 人（图 9-2），其中，管理人员 2679 人，占 11%，较上一年增加 1 个百分点；专业技术人员 19420 人，占 77%，较上一年增加 1 个百分点；工勤技能人员 3085 人，占 12%，较上一年减少 2 个百分点。专业技术人员中（图 9-3），具有高级职称的 6000 人，较上一年增加 156 人，占 31%；具有中级职称的 7084 人，较上一年增加 160 人，占 36%；中级以下职称的 6336 人，较上一年减少 653 人，占 33%。专业技术人员数量与占比持续增加，高级职称和中级职称人员数量逐年增长。

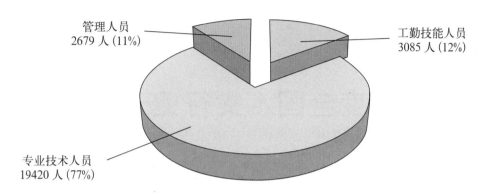

图 9-2 水文部门在职人员结构图

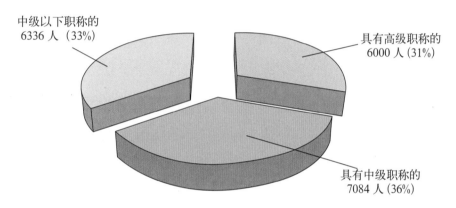

图 9-3 水文部门专业技术人员结构图

附 录

2022 年度全国水文行业十件大事

1. 党中央国务院和水利部领导高度重视水文工作。

2022 年 6 月，习近平总书记在四川考察时强调，要加强统筹协调，提高降雨、台风、山洪、泥石流等预警预报水平，抓细抓实各项防汛救灾措施。8 月，习近平总书记在辽宁考察时强调，要加强汛情监测，及时排查风险隐患，抓细抓实各项防汛救灾措施，确保人民群众生命安全。李克强总理、胡春华副总理多次对水文工作作出指示批示和要求。李国英部长多次强调水利现代化建设，水文要先行。要求进一步完善水文监测手段，加强水文现代化建设，做到"知其然、知其所以然、知其所以必然"，加快构建气象卫星和测雨雷达、雨量站、水文站组成的雨水情监测"三道防线"，抓实抓细"降雨—产流—汇流—演进"等"四个链条"。

2. 全国水文系统深入学习贯彻落实党的二十大精神。

党的二十大明确提出，构建现代化基础设施体系，完善风险监测预警体系，提高防灾减灾救灾和重大突发公共事件处置保障能力，坚持山水林田湖草沙一体化保护和系统治理，推进资源节约集约利用，统筹水资源、水环境、水生态治理，为水文工作指明了前进方向、确立了行动指南。全国水文系统认真学习贯彻落实党的二十大精神，坚持以人民为中心的发展思想，坚持统筹发展和安全，坚持人与自然和谐共生，坚持科技引领、创新驱动，立足推动新阶段水利高质量发展，按照部党组的要求，完善水文站网，改进水文测报手段，提升监测能力，强化"四预"功能，加强水文科技创新、基础理论研究和推广应用，为全面提升国家水安全保障能力和水利科学管理能力提供了有力支撑。

3. 2022 年全国水文工作会议在京召开。

3 月 21 日，水利部在北京召开水文工作会议，刘伟平副部长出席会议并讲话。会议以习近平新时代中国特色社会主义思想为指导，深入贯彻"节水优先、空间均衡、系统治理、两手发力"治水思路，落实水利部党组关于推动新阶段水利高质量发展和 2022 年全国水利工作会议的部署要求。会议明确，要不断开创水文工作新局面，按照《水文现代化建设规划》和《全国水文基础设施建设"十四五"规划》确定的水文发展方向、思路、目标和任务，建立覆盖全面、精准高效、智能先进的高质量现代化国家水文站网，打造"空天地"一体化水文监测体系；实现水文全要素、全量程自动监测，水文数据测验、归集、存储、处理、预测预报和分析评价全流程自动化、智能化和精准化，建立智能高效的水文信息服务体系；引领水文化建设，传承和彰显优秀水文文化；改革创新管理体制和运行机制，强化科技支撑和人才队伍保障，建立稳定高效可持续的建设运行管理体系。

4. 水文现代化建设取得新成效。

国家地下水监测工程入选"人民治水·百年功绩"治水工程，我国已建成世界范围内规模最大的国家级地下水自动监测站网，形成了技术自主可控的国家地下水监测系统。水利部制定印发《关于推进水利工程配套水文设施建设的指导意见》，对拟建、在建和已建水利工程配套水文设施建设提出要求，以加快推动建立与防汛调度和国家水网相匹配的现代化国家水文站网。水文基础设施建设进一步加强，新建改建水文测站、水文监测中心 3500 余处，加快构筑雨水情监测"三道防线"。新装备各类流量在线监测系统 692 台（套）、各类泥沙在线监测系统、走航式声学多普勒流速仪、无人机、无人船、自动蒸发观测系统应用分别较上年增加 26%、46%、14%、30%、40%、27%。积极构建基于卫星遥感、无人机航拍及地面地下定点观测和巡测相结合的"空天地"一体化水文监测体系，最新一代相控阵测雨雷达在湖南湘江流域和河北雄安新区等地投入试点应用。

5. 水文支撑打赢水旱灾害防御硬仗成绩突出。

2022年，我国主要江河发生10次编号洪水、626条河流发生超警以上洪水、27条河流发生超历史实测记录洪水；珠江、长江流域相继发生历史罕见气象水文干旱，长江口发生历史罕见咸潮入侵。全国水文单位牢固树立"人民至上、生命至上"理念，坚持"预"字当先、"实"字托底，抓实抓细"四个链条"，推进构筑雨水情监测"三道防线"，加强"四预"措施，为成功防御北江1915年以来最大洪水、珠江流域性较大洪水、辽河流域严重暴雨洪水等提供有力支撑。长江委及流域内水文单位加强墒情、低枯水流量监测和旱情预测分析，积极服务两轮"长江流域水库群抗旱保供水联合调度"专项行动，加密水量水质同步监测，实施开展长江口咸潮入侵应急专项监测，有力保障人民群众饮水安全和秋粮作物灌溉用水需求。

6. 水资源水生态监测服务能力提升。

海委、黄委和京津冀鲁等水文单位在京杭大运河永定河全线贯通和华北地区河湖生态环境复苏行动中，采用遥感、无人机技术，实施全要素全过程监测，建立河流回补入渗模型，开展地下水水位变化和回补影响范围分析评价，圆满完成监测评估任务。水利部编制《全国水质水生态监测规划》和《河湖水生态监测技术指南（试行）》，规范水利系统水质监测质量和安全管理工作，组织完成汉江、赤水河、长江口、黄河河口三角洲湿地、三峡库区、鄱阳湖等水域拓展底栖生物、浮游动植物及鱼类等水生生物监测与分析评价。全国水文单位加大江河水量分配断面、河湖生态流量管控断面监测力度，强化监测分析。北京、浙江、河南、甘肃积极开展泉水资源调查、水资源综合评价体系设计、水资源管理"双控"指标调整、河流健康评估，水文服务水资源管理能力进一步加强。

7. 水文体制机制法治建设取得新成绩。

《水文设施工程验收管理办法》《水质监测质量和安全管理办法》《水利

部本级水文行政许可事中事后监管实施方案（试行）》等规范性文件印发实施。《四川省水文条例》出台，《江苏水文精细化管理》出版，《吉林省国家基本水文站标准化管理办法（试行）》印发。福建组建平潭水文中心，联合流域、属地成立太湖流域福建省平潭海岛水文水资源研究中心。山东省水文计量检定中心调整为独立法人，安徽 2 个地级市农村供水水质监测中心正式挂牌。珠江委、松辽委、太湖局和江苏泰州、镇江 5 个水文单位成功创建水利安全生产标准化一级单位。

8. 水文精神文明和文化建设成果丰硕。

水文司在水利部第四批"我为群众办实事"实践活动中，组织完成帮扶新疆克尔古提、西大桥水文站提高供水保障水平项目和西藏自治区水文水资源勘测局尼洋河洪水预报软件开发项目，通过水利部验收，切实解决了基层水文测站急难愁盼问题。长江委、黄委、北京、江苏、浙江、福建、山东、湖北、湖南的 12 家省级及以下水文单位入选第二届水利系统基层单位文明创建案例，对新形势下做好水利精神文明建设工作起到了模范带头作用。

9. 科技创新和国际交流合作再创佳绩。

在 2022 年大禹水利科学技术奖评选中，水文单位作为主要完成单位共入选特等奖 1 项，一等奖 3 项，二等奖 4 项，三等奖 4 项。其中，长江委水文局"长江上游梯级水库群多目标联合调度技术""变化环境对跨境流域径流的影响及水利益共享研究"入选特等奖和一等奖。黄委、海委水文局"缺资料水文模拟预报的理论技术创新与应用"，太湖流域水文水资源监测中心"流域河湖治理工程水生态影响监测与评估关键技术及应用"入选一等奖。联合国教科文组织政府间水文计划中委会、国际水文科学协会中委会积极组织参与国际、国内学术活动，扩大对外宣传，各项工作取得新成效。积极推进跨界河流水文资料交换，与周边国家和国际组织建立互信和良好合作关系，圆满完成国际河流水文报汛任务。

10. 水利部首次发布《中国水文年报》。

水利部组织南京水利科学研究院等编写单位及各流域管理机构和省级水行政主管部门，按照任务分工和进度要求，高质高效完成《中国水文年报 2021》编制、审查和发布等工作。该年报是水利部首次编制发布的我国水文综合信息年报，主要包括降水、蒸发、径流、泥沙、地下水、冰凌等水文要素和暴雨洪水、干旱、水库蓄水量等年度综合信息及时空变化特征，为经济社会和水利高质量发展提供基础资料，也为流域综合治理、水旱灾害防御、水资源管理、涉水工程建设运行及水生态修复等提供科学依据。《中国水文年报 2021》的发布引发社会广泛关注。

文　发　展　统　计　表

机动测船/艘	无人机/架	在线测流系统/处	声学多普勒流速仪/台	房屋总面积/m²	办公用房/m²	生产业务用房/m²	水质实验室/m²	固定资产总值/万元	事业费/万元	基建费/万元	各项经费总额/万元	在职人员/人	离退休人员/人	委托观测/人
	1	205	25	11920	3596	8324	2272	23814	17500		17942	163	94	193
3	1	1	13	21509	6574	14492	1777	18067	9141	637	9778	247	196	31
7	2	91	94	83210	27235	52420	6902	83112	41455	2842	46441	1091	566	5380
		39	13	68676	21581	35505	6208	65643	24680	7603	32283	552	391	4849
3	9	52	35	63917	19402	38509	6623	85253	25958	1710	27668	702	650	2227
27	28	24	70	81803	29294	38243	9678	82798	38305	3771	42076	900	623	2589
27	9		75	73731	29013	42127	6679	61865	20319	3003	23322	684	597	4180
250	6	4	160	73958	15984	56158	4184	84258	20688	3266	24614	880	530	4575
2	1	50	90	33524	5561	26056	5500	41130	23308	279	23587	298	270	10
4	30	113	145	104997	49764	49401	14887	85487	52548	4589	57137	825	493	420
5	22	457	317	89001	11575	72428	5727	73826	36292	11351	52856	678	410	501
22	5	53	113	85201	20656	42798	9698	50533	34971	6050	43414	771	561	617
3	2	75	126	82089	12232	64506	7560	52257	20253		20737	469	300	491
37	82	73	113	73778	22948	38705	7533	63728	44230	3700	47930	916	763	618
4	30	121	202	134625	47367	74829	12360	105409	43834	14238	58072	965	731	3241
93	128	21	179	137226	24692	97202	8307	78044	42093		43135	1118	523	1914
	7	102	46	145145	28170	89416	14632	102103	24504	1138	25642	1017	667	1407
49	25	129	103	146458	41491	100390	13344	132846	40074	25864	68219	949	647	1031
19	8	232	83	105424	20078	73898	9975	103101	61911	3039	64950	755	522	1291
25	3	215	290	133719	20494	100676	5354	110271	28423	6864	35316	773	429	3120
1	1	4	34	16143	3477	12665	500	9370	4545	753	5298	84	75	305
8	7	216	213	38814	1463	36605	3800	42116	7971	2430	10401	124	68	956
4	16	67	52	122588	6590	103870	4698	66517	47120	24178	71298	1120	862	
4	19	141	107	86832	28655	54651	6266	73552	25110	4889	30608	633	384	1101
2	17	75	113	181363	40099	125689	13763	99966	23453	9879	35574	925	526	1500
6	1	24	24	42848	7190	13843	2065	18223	11104	19	11123	278	175	730
1	2	91	16	77226	24548	39648	6371	12234	13418	7317	20735	637	338	557
1	1	1	9	53410	9425	42770	5047	30843	14640	2955	18100	656	458	742
2	5	14	19	30444	9706	3301	1750	23953	7592	1577	9169	248	260	508
2	8	42	7	12424	7380	3500	3200	2424	5931	4947	11134	200	176	663
1	1	105	25	161696	72891	20816	6392	54823	22389	3808	26197	810	735	107
1	1	5	18	19679	9364	7397	773	10804	1069	588	1657	67		21
				7842	5967	346	18	5055	4762	62	4824	314	386	551
72	50	31	239	188388		163102	13458	122431	32978	25574	58552	1716	1796	171
66	66	64	61	205307		128469	7181	129947	39981	21158	61139	2023	1633	659
		11	31	2172	280	1797		12737	3190	1388	4578	61	23	
6	10	17	27	11650	2771	8379	1880	15673	5677	5087	10764	171	31	5
14	2	20	63	19302	2552	15822		30714	5025	8598	13623	163	88	
10	1	3	18	8609	2822	5584	640	17295	3833	4773	8606	126	38	8
7	3	54	41	14900	1122	13451	5098	32266	5086	4793	9879	75	8	
788	610	3042	3409	3051548	694009	1917788	242100	2314488	935361	234717	1188378	25184	18023	47269

附表　　　　　　　　　2022 年 度 全 国 水

单 位 名 称	国家基本水文站/处	专用水文站/处	水位站/处	雨量站/处	蒸发站/处	地下水站/处	水质站（地表水）/处	墒情站/处	实验站/处	报汛报旱站/处	可发布预报站/处	测流缆道/座
北京市水文总站	61	59		245		1315	304	38		1150	21	87
天津市水文水资源管理中心	29	37	2	29		880	61			165	5	26
河北省水文勘测研究中心	136	91	568	2782		2856	142	188	2	5983	245	142
山西省水文水资源勘测总站	68	48	47	1897		2975	133	97	2	402	11	166
内蒙古自治区水文水资源中心	148	138	22	1405		2459	209	355		2801	7	53
辽宁省水文局	123	96	58	1611		1046	255	96	3	3099	59	50
吉林省水文水资源局	108	79	98	1931		1795	142	305	2	2521	87	69
黑龙江省水文水资源中心	120	155	159	1973		3138	277		4	3955	101	64
上海市水文总站	12	25	309	150		54	430			428	6	
江苏省水文水资源勘测局	159	140	295	281		650	1913	41		2561	43	138
浙江省水文管理中心	95	363	7551	2375		166	294	18	1	1422	159	110
安徽省水文局	112	310	183	1215	1	617	497	219	5	5050	176	111
福建省水文水资源勘测中心	57	83	2495	1574	1	55	157	16	2	640	46	78
江西省水文监测中心	119	124	1077	3049	1	128	356	503	2	4618	129	187
山东省水文中心	157	330	202	1895		2281	89	155		3600	77	97
河南省水文水资源测报中心	126	239	157	3953		2525	277	636		4809	96	83
湖北省水文水资源中心	93	201	323	1306		215	294	63		2282	270	79
湖南省水文水资源勘测中心	113	144	1167	1863		101	228	202		1345	74	194
广东省水文局	86	174	524	1287	1	103	626	1	1	854	123	61
广西壮族自治区水文中心	149	265	256	3503		124	224	28	1	4077	162	144
海南省水文水资源勘测局	13	32	29	212		75	52			203	6	11
重庆市水文监测总站	40	194	921	4555		80	255	72		5794	11	202
四川省水文水资源勘测中心	148	204	275	3149		163	359	109	1	4708	65	338
贵州省水文水资源局	105	254	464	2937		60	99	492	1	3793	57	186
云南省水文水资源局	184	215	138	2676	2	181	470	688	3	3043	399	299
西藏自治区水文水资源勘测局	47	87	69	615		60	85	6	3	682	1	41
陕西省水文水资源勘测中心	81	73	103	1859			162	16		2277	35	70
甘肃省水文站	95	39	158	395		455	191		1	81	4	83
青海省水文水资源测报中心	35	21	27	387		140	71			140	4	38
宁夏回族自治区水文水资源监测预警中心	39	194	144	920		349		57		1712	16	17
新疆维吾尔自治区水文局	130	100	60	87		430	136	522	1	436	62	182
新疆生产建设兵团水利局水资源管理处	18	77	498	390		73	5	178		1239		17
陕西省地下水保护与监测中心						1037				218		
长江水利委员会水文局	121	23	255	29	2		342	1	5	650	34	69
黄河水利委员会水文局	121	7	94	800	1		85		6	955	17	129
淮河水利委员会水文局	1	39					157			1		8
海河水利委员会水文局	16	17	8				83			25	3	24
珠江水利委员会水文水资源局	28	19	11				63		12	3		17
松辽水利委员会水文局	11	11	12	78			81			112	10	3
太湖流域管理局水文局	8	44	2				133		2	3	9	3
总　　计	3312	4751	18761	53413	9	26586	9737	5102	60	77837	2630	3676